認得幾個字

認得幾個字

認得幾個字

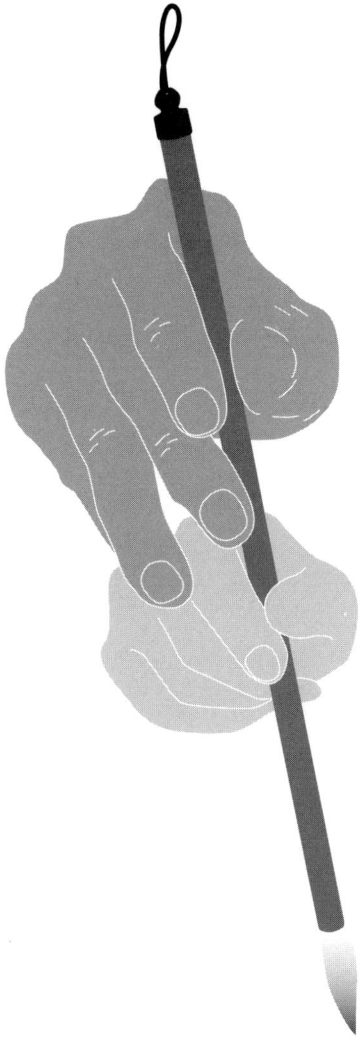

張大春

完整新版

目次

認得幾個字

送給孩子的字

推薦序

小學的體溫

阿城

一九九二年我在台北結識張大春，他總是突然問帶他來的朋友，例如：民國某某年國軍政戰部某某主任之前的主任是誰？快說！或王安石北宋熙寧某年有某詩，末一句是什麼？他的這個朋友善飲，赤臉遊目了一下，吟出末句，大春訕訕地笑，說：嗯，你可以！大春也會被這個朋友反問，答對了，就哈哈大笑；答不出，就說這個不算，再問再問。我這個做客人的，早已驚得魂飛魄散。

我想起一九六九年，上山下鄉去雲南，長途卡車上，塵土中，一個新結識的朋友突然問我 Nikon 相機某款點二八的鏡頭的焦距是多少。我想當下如此倉皇，問這個幹什麼，而且我根本不知道世界上有這麼一種相機，就說不知道。這個朋友隨即說出焦距數，接著向我持續說明 Nikon 相機的各種專業資料，逼得我問他：說這些是什麼意思！他說，我只是在練我的記憶力，默記不行，一定要說出來，最好是向別人說出來，說過三遍，絕對就記住了。十多年後，我第一次見到一台 Nikon 相機，噗哧笑了。

張大春的《認得幾個字》，目錄上看起來無一字不識，翻開來是父親教兒女認字，但其實是小學，即漢代的許（慎）鄭（玄）之學，再加上清朝的段玉裁。章太炎先生當年在日本東京教授小學，魯迅、周作人兄弟趨前受教。對於中文寫作者來說，漢字小學是很深的知識學問。如果瞭解一些其中的知識，千萬不要像前面張大春那樣考別人，如果別人反考你，即使是最熟悉的字，也有你完全想不到的意義在其中。

所以這是一本成人之書，而且是一本頗深的成人之書。但很有意思的是只要你翻看這本書，就會一直看下去，因為這裡有兩個小孩子，一個叫張容，一個叫張宜。是的，你會認為兩個小孩子的名合起來是「容易」的意思。大春當然也很謙虛地稱這本書「只認得幾個字」。把那麼不容易的內容講給大春自己的一兒一女，他們的反應是讀者最關心的，也是這本書最吸引人的地方。說實在，我認為這兩個小孩子相當剽悍，原因在於初生牛犢不怕虎。

讀這本書時會疑惑，究竟我們是在關心漢字文字學，還是在關心父、子、女的關係？讀完了，我告訴自己，這是一本有體溫的書。文字學的體溫。當年章太炎先生教小學，也是有體溫的，推翻帝制的革命熱血體溫。

不過令我困惑的是這樣一本繁體字的書，如何翻印成簡體字而得讓不識繁體字的人讀得清楚？因為簡體字是談不上小學，也就是中文文字學的。這就不免讓人想起繁簡之爭。

絕大多數擁護簡體字的人說出的簡化中文字的理由是方便書寫，這意味著這部分人將中文字僅視為工具。我認為這是一大盲點，既是盲點，早晚是要吃虧的。

中國歷史上第一次公開提倡使用簡體字的人是陸費逵，一九〇九年，他在《教育雜誌》創刊號上發表〈普通教育應當採用俗體字〉。一九二二年，錢玄同在國語統一籌備委員會上提出「減省現行漢字的筆劃案」，它提出的八種簡化漢字的方法，實際上是現行簡體字的產生依據。一九三二年，國民政府教育部公布出版國語籌備委員會編訂的《國音常用字彙》，指出「現在應該把它（簡體字）推行，使書寫處於約易」。一九三五年，錢玄同主持編成《簡體字譜》草稿，收簡體字二千四百多個。同年八月，國民政府教育部採用草稿的一部分，公布《第一批簡體字表》，不過第二年二月又通令收回。同時，上海文化界組織「手頭字推行會」，發起推行「手頭字（即簡體字）」運動。一九三六年十月，容庚《簡體字典》出版，基本上本自草書。同年十一月，陳光堯出版《常用簡字表》，約一半本自草書，一半來自俗體字。一九三七年，抗日戰爭爆發，簡體字運動停頓。一九五〇年，中華人民共和國中央人民政府教育部社會教育司編製「常用簡體字登記表」。一九五一年，在登記表的基礎上，擬出「第一批簡體字表」，收字五百五十五個。一九五二年，中國文字改革研究委員會成立。一九五四年年底，文改委在簡體字表的基礎上，擬出「漢字簡化方案（草案）」，收字七百九十八個，簡化偏旁五十六個。一九五五年，國務院成立漢字簡化方案審訂委員會。同年十月，討論通過「漢字簡化方案（修正草案）」，收字減少為五百一十五個，簡化偏旁減少為五十四個。一九五六年一月二十八日，「漢字簡化方案」經漢字簡化方案審訂委員會審訂，由國務院全體會議第二十三次會議通過，三十一日在《人民日報》正式公布，在全國推行。這一年，我上小學一年級。

如果說上述旨在文字簡化，就錯了，文字簡化只是階段，最終目的在文字拼音化。錢玄同認為傳統漢字「和現代世界文化格不相入」，主張「學校從教字起直到研究最高深的學術，都應該採用拼音新字，而研究固有的漢字，則只為看古書之用」。瞿秋白則認為白話文運動不徹底：「要寫真正的白話文，要能夠建立真正的現代中國文，就一定要破除漢字採用羅馬字母。」一九五〇年，毛澤東說過：「拼音文字是較便利的一種文字形式。漢字太繁難，目前只做簡化改革，將來總有一天要做根本改革的。」一九五七年，吳玉章領導的文改會曾擬定「漢語拼音文字方案」上報國務院。上世紀初對於中文羅馬字母化，趙元任曾作一篇〈施氏食獅史〉諷刺過。

我則是先學注音字母「波潑摸佛」，又改學羅馬拼音字母的「波潑摸佛」，再後來又改讀「阿掰猜呆」，幸虧有點小聰明，都學會了。

對於中文作家來說，中國新文化運動的前輩們，積極推動白話文，推動簡體字，推動中文拉丁字母化，還有一項現在不提了，就是大眾語，也就是「我手寫我口」。魯迅先生是積極的支持者。當時還有世界語運動，我小時候甚至也接觸過世界語，因為自己笨而失望，中斷了。

拉雜寫這些，是由張大春此書編輯出版簡體版而發。我認為文字，中文字，只將它視為工具，是大錯誤。中文字一路發展到現在，本身早已經是一種積澱了，隨著文化人類學的發展與發現，這種積澱是一筆財富，一個世界性的大資源。這一點，在大春的這本書裡，體現得生動活潑，讓我們和書中的兩個小孩子一起窺視到中文字的豐富資源。一個煤礦，一個油田，一畝稻子，我們知道是資源，同樣，中文字也是資源，不可廢棄。簡化字的提出和最終實行，說明我們的思維是狹窄的、線性的，是一種達爾文主義的世界觀。將簡體字視為先進工具，在電腦輸入的今天，這個理由已經不存在，而且從腦科學的圖形辨識實驗中我們知道，區別大的形，易於辨識記憶，區別小，則易混淆。

只有將中文字視為一種資源，我們才能從繁簡字的工具論的爭辯中擺脫出來，準備成為現代人。

感謝大春寫了這樣一本書。

編注：本文為二〇〇八年《認得幾個字》簡體版出版時，收錄書中的專序。

自序

只有幾個字

這本書曾經在二〇〇七年十月和二〇一一年八月分別在印刻和新經典兩家出版社以《認得幾個字》以及《送給孩子的字》二題出版。這兩本書的寫作手法和各篇章的結構形式、乃至於篇幅長短都差不多，緣於它們都來自一個《民生報》的專欄。邀約我寫專欄的主編林英喆先生是個溫厚隨和的人，行事嚴謹，作風質樸，他一向謙沖自牧，陶煦不爭。他約稿的要求也頗有老子「道隱無名」的風趣——「寫什麼都可以。」一共就是這六個字。我答以：「近事無多，不過就是在家帶孩子認認字。」他說：「那也很好。」這是四個字，英喆真可以說是「大音希聲，大象無形」了。

當時，我正在整理歷朝筆記小說之類的雜書，偶爾散讀會心，就做些札抄備忘。大約就是同一天稍晚，讀到清人錢泳《履園叢話．景賢》有一段話，提到孟子：「堯舜之知不徧物（即使像堯、舜那樣睿智的聖人也不是什麼都知道）」。此外，錢泳還用《中庸》上的話解釋：「雖聖人亦有所不知焉。」接著，錢泳又引用《朱子語類》的話表示：倘若凡事都要窮究明白，就會導致「意之惑亂殊甚，又何可誠（又怎麼能究得真知呢）？」難怪程子也認為：「不必盡格天下之物（不需要盡通世事之理）。」

換個說法如何？「不需要盡識世上之事」也說得過去吧？舉個例子來說：兩個同輩的古人，一個叫朱彝尊（1629-1709），一個叫彭孫遹（1631-1700）。他倆的名字裡各有一個很不常見的字，不認識這兩個字的讀者諸君不必介意，就記得一個是老朱，一個是老彭。

老朱和老彭都是明末崇禎年間出生、而且直到滿清康熙年間才去世的人。兩位都是兩榜出身的政治兼學問家，入翰林院任檢討、編修、侍講，一生為備受推崇的學者。他們也都是精通《說文》的文字研究者。有一次老朱、老彭相遇閒談，討論起文字來。這種學問在愛之且做之者那裡，非但有如庖丁解牛，「以無厚入於有間」，是極其平常又愉悅的話題，在行外人而言，可能就十分枯燥繁瑣又無趣了。

據記錄此會的晚輩金埴形容：二公一日偶坐，論晰數字，義無遺蘊（彼此將字的義理發揮到極致，毫不保留），老彭就問老朱：「君平生識此等字幾所（個）於胸中？」老朱答道：「約字二千。」老朱也回問老彭：「君識幾所（個）？」老彭答說：「僅三百耳。」金埴的結論是：「觀兩公之言，則字豈易識乎哉？」

我的感想卻大不相同——我一向以為，從幼稚園開始用方塊紙學字形字音，到大學讀國文本科，再到研究所攻讀古文字學，我認識的字何只三五千「所」了呢？等等，「所」這麼簡易平常的一個字，竟然也可以是漢字的單位詞？我怎麼從來就不知道、沒聽說過?!我，真的識字嗎？

文字是漢語文化的核心，非但數量龐大，歷朝歷代試圖歸納而演繹明白漢字造字原則的學者，恐怕也個個都是「皓首窮經、齒落而未必能言。」反而在嘗試會通古今文字流衍、欲得出一套達詁正解之際，被活潑萬變的用字現實擺弄得到處碰壁。文字學在大學國文系課堂上之冷落寂寥，的確可以覆按「聖人亦有所不知焉」的古語。

而今這兩部談文字教學的書總算沒有辜負當初林英喆兄的寬容和期許，合成了一部作品，每個字的討論也都包含了我和張容、張宜透過漢字筆畫架構而重新造訪的「格物致知」的現場。那個把漢字和思維、現實、歷史、生活交織互證的體驗，無法重複，也無法變造或移植。然而，即使充滿了「文盲初識點捺橫，一撇三勾記姓名」的愚騃和誤會，卻仍然是格物致知的起點，是孩子對文明解識的摸索，是一次微型的地理／天文大發現。

難怪小說家朱天心跟我說：「你不要怪我沒有一篇一篇、從頭到尾讀，我總是跳過你的文字學，只讀孩子們和你頂嘴的話。」

因為很好笑，也因為他倆真喜歡發明文字的意義。

有情感的字

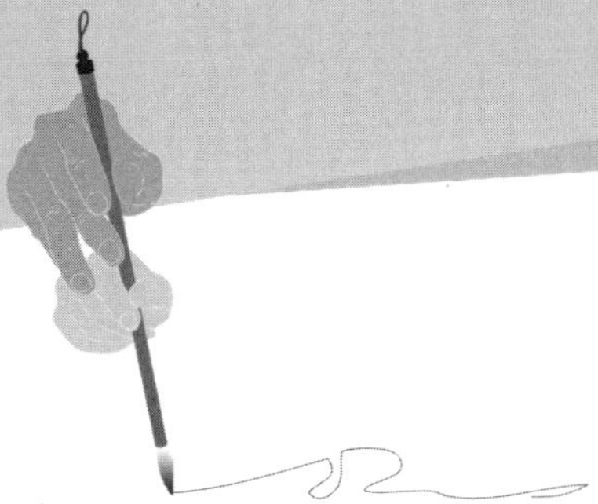

愛與恨

張容在小學畢業之後的暑假裡經常保持無所事事的狀態，他說多睡和多吃蛋白質食物一樣重要，練琴只練八分鐘，發呆和看漫畫的時候已經具體呈現了公務人員上班期間的神情儀態。我忽然靈機一動，跟他說：「來談談字吧。」我有了題目——

「你覺得最有情感的字是什麼？」

「『恨』吧？」

「為什麼不是『愛』呢？」

「『愛』這個字可能會在其他地方出現，所以不準確、不集中，情感就不完整了。」接著他表示：既然要說「最有情感」、「最能表現情感」，那麼這個字就應該只能表達這個字的意思。

「可以舉一個『愛』不表達『愛』的例子嗎？」

「像愛爾蘭、愛丁堡。」
「翻譯的地名不能算吧？」
「當然算啊，它不就是個『愛』字嗎？可是並沒有情感在裡面啊！」
「除了地名以外呢？」
「『愛之味』的『愛』也沒有表達情感，它是品名。」
「『恨』呢？」
「『恨』很強烈，而且沒有別的地方會用這個字，除了真的『恨』，沒有別的東西會用『恨』來當符號。」

我猜想孩子已經在他們的直覺裡發現了我們用字的成見、甚至意識形態。人們使用語言，對於美好、幸福、愉悅、歡快……的嚮往和耽溺總令我們將表達這些情感的符號無限延伸，使之遍布成生活的名相。從而，它們反而不準確了。孩子們察覺了這一點，卻不勞抽象性的分析或演繹。他們很直接，要問他們情感方面的事，答案總是一翻兩瞪眼。

喜

小兄妹經常會發掘一些大人永遠不能明瞭其來歷的話題，「喜歡和討厭的字」是其中之一。

張容喜歡「讀」字（以及所有「言」字偏旁的字），喜歡「書」字，喜歡「畫」字，他認為筆劃繁複的字比較均勻，他還喜歡「融」字——我認為這和他的好朋友叫「吳秉融」有關。他不喜歡「買」字，也不喜歡「為」字，因為字中的「點劃」常讓他有不知如何「分配空間」之感。張宜的好惡標準則不太一樣，她喜歡「爸」、「媽」和「妹」字，因為這些都是家人的稱呼——但是不包括「哥」字；她還喜歡「筆」字和「搖」字，因為「筆」字看起來很「正式」，「搖」字則包含了媽媽名字的一部分。她不太喜歡「國」字，因為「明明是方方正正的字，裡面卻有人歪歪扭扭搗亂」。兄妹倆都不喜歡「麼」字和他們的姓氏——「張」字，因為「麼」字「真的很醜」，而「張」字則「比『麼』

字還醜」。

和孩子們聊起這種毫無知見深度的話題，總讓我回想起自己在多少年前發現這世界之初所感受到的迷惑與情趣，讓我回到自己構築成見的開始。我在念小學三年級的時候，也曾經用一整本練習簿分兩頭抄錄了自己喜歡和討厭的字。時隔四十多年，猶記得討厭的字中包括了「七」、「九」、「氣」、「沈」、「堯」……有的是因為字形難以工整，有的因為筆劃傾側歪斜，有的甚至是因為令人討厭的同學姓名之中有其字，原因不一而足，成見卻堅持了許久。直到上了中學，我還一直懷疑，作為一位聖王的「堯」，一定有什麼重大而不為人知的惡行。

除了有太多「點點」的「氣」字和「沈」字，張容對於我所討厭的字很不以為然，他覺得「堯」一看就是一個「端端正正坐在那裡的好人」。我說是的，喜歡、不喜歡這種事常常是不講道理的。張宜搶著說：「我也喜歡『喜』！」

「為什麼？」

「我喜歡喜歡的感覺，不喜歡不喜歡的感覺。」

「你知道『喜』是跟著大家一起高興的意思嗎？」

「我不喜歡跟著大家高興，我喜歡高自己的興。」張宜說著，開始出現了不很高興的表情。

可是，從根源上看，中國人的「喜」原本並不是描述個人情感或性向的字。「喜」字的上半部讀作「駐」，是陳列樂器支架的象形符號，底下的口表示唱歌，整個字比合起來看是「應聲而歌」的意思。也就是說，跟隨著音樂的節奏而歌唱，出於一種「和」的情感，用之於慶典之類的儀式，這種愉悅的情感是被喚起的，是與他人共之而產生的，換言之，是「從眾」的。「取鼓鞞之聲歡」，用今天的話來形容，將氣氛炒熱鬧了，引起大家的談笑興致。這個字，大約到了春秋時代以後，才漸漸有了「個人愛好」的用法，所以孔夫子「晚而喜易」，很難說是追逐眾人之流行。

我沒提孔夫子，只把甲骨文裡的鼓架子畫出來，底下再畫上一張發出歌唱音符嘴，故意說：「這是沒辦法的事，你看我們過年說『恭喜』，節日叫『喜慶』，都是跟著大家一起高興的意思。」

「我不喜歡跟大家一起高興——」她大聲起來：「我也不喜歡跟你姓，你的姓很醜！」

「你已經姓張了，能怎麼辦呢？」
「我要去找『立法委員』！」

笨

張容問我：「為什麼『笨』要寫成這個樣子？」

這是一個包含了很多疑惑的問題。為什麼「笨」有一個竹字頭？為什麼「笨」要有一個木的根（本）？一個「竹」、一個「本」，跟人聰明不聰明有什麼關係？

明代的陳繼儒，號眉公，是與董其昌齊名的書畫家，他所寫的札記《枕譚》有這麼一則，是藉著朱熹罵諸葛亮而反罵朱熹的：「笨，音奔，去聲。粗率也，《晉書》豫章太守史疇肥大，時或目為『笨伯』。《宋書．王微傳》亦有『粗笨』之語。《朱子語錄》云：『諸葛亮只是笨。』不知笨字，乃書作『盆』，而以音發之。噫！諸葛豈笨者耶？字尚不識，而欲譏評諸葛乎？」

諸葛亮是胡適之所謂「箭垛式的人物」，千古以下，猶集物議，多是論者要攀著這份熱鬧出頭而已，是以斥諸葛亮之笨者恐怕不比稱諸葛亮之智者少。當初司馬懿就曾經以「孔明食少事煩，豈能久乎？」而採取了耗敵的長期戰略。魏延主張以兩軍分出斜谷、子午谷夾取長安的計策，也在「諸葛一生唯謹慎」的顧慮之下胎死腹中。後世更不斷地出現種種考評，謂諸葛亮自成黨羽，誅伐異端，隳頹了西蜀的統一大業。

我非三國迷，不迷即不便為古人操心。我所好奇的是陳繼儒以為朱熹「連字都不認識」這句話對嗎？以陳繼儒所見，朱熹罵諸葛亮而用「盆」代「笨」，有沒有說法？

在《周禮》和《禮記》所記錄並批注的「盆」，不是盛血就是盛水，按諸古字書《急就篇》所載，盆和缶是同一類的兩種盛水之器，缶（即盎）是「大腹而斂口」，盆則是「斂底而寬上」。較諸許多形製繁複、裝飾和用途都比較多樣的器皿來說，的確簡單得多。那麼，用「盆」以代「笨」，會不會也有聲言其粗疏，而非指責其愚蠢的意思呢？

「笨」這個字與「愚蠢」相提並論其實不無可疑。它原來是用以表述「竹白」的一個字。段玉裁在注解《說文》的時候聲稱：竹子的內質色白，像紙一樣，相較於竹的其他部位，又薄又脆，不能製作器物，實在沒有什麼用處。那麼，讓我們回頭看看陳繼儒所引的文字，那是出自《晉書．羊聃傳》。原文是將昏庸無用的史疇與另外三個看來也沒什麼好風評的人物連綴起來，時人稱為「四伯」——另外還有一個食量極大的大鴻臚（國際事務官）江泉，被呼為「穀伯」，一個狡猾成性的散騎郎張嶷是「猾伯」，至於傳主羊聃，因為個性狠戾而被呼為「瑣伯」（瑣，原意為細碎，引申作人格卑劣），並且用他們和遠古時代的「四凶」相比擬。

「所以，」我跟張容說：「『笨』從來不是說頭腦不好、智商不足。它就是拿來輕視人沒有『用處』而已。那是中國人太講究社會上的競爭、階級上的進取，不相信沒有用處的用處，不認同沒有目的的目的，所以乾脆把『缺乏實際的功能』和我們最重視的『智能』劃上了等號，彷彿做一件不能有現實利益的事就意味著人的智能不足了。」

「可是我並不想做一個多麼有用的人呀。」

「那你可聰明了。」我說。

「為什麼？」

「讓我們開始讀讀《莊子》吧！」

怪

我推測全世界各地的古人都比現代人經得起折騰。從一個多世紀以前整理、出版的許多知名童話故事可以得知，這些經由蒐集復改寫的故事多半保留了千百年來民間故事裡大量殘忍的情節、驚悚的情境以及暴烈的情感，幾乎沒有一個民族會擔心這樣的故事或可能嚇著了孩子、帶壞了孩子、扭曲了孩子。比較起來說，在過去漫長的人類歷史裡，大部分的成人用床邊故事使孩子在恐懼中緊緊閉上雙眼、沉沉睡去，似乎是天經地義之事。

恐怖故事在中國，不是為了嚇唬孩子而說的。比較有教養的階級，更以一種律己的態度不宜講這些玩意兒。在佛教故事盛行於中土之前，孔老夫子的明訓大約相當有效——《論語・述而》云：「子不語怪、力、亂、神。」儘管有一個說法是認為孔夫子的語言潔癖僅及於「怪力」和「亂神」，我們仍難以想像：孔夫子曾經為了哄孔鯉睡覺而跟他說些幽靈故事。

「怪」這個字，很怪！這個字的草書往往寫作「恠」。不過，在小篆、隸書到楷書裡的「怪」字，右半邊的字根卻是「圣」（讀音為「窟」），上面這個「又」是手的意思，所以有一個說法是：「以手治土」（也就是「致力於地」的意思），由於不論種植百穀、建築宮室，都會改變土地的原狀，「成物之後，與土地原貌相較，頗見其異」。於是，這就變成了怪字的用意。這個解說十分迂曲，起碼我不太能服氣。

我自己則有另一個看法：這是一個形聲兼會意字。左邊的「心」是意符，右邊的「圣」既是聲符，也必須和「心」這個偏旁統合起來、一併見全字之意。手在土上，並非尋常致力於栽植、建築之類的工作，而是特指發掘埋藏之物。埋藏在土中之物，會是什麼呢？在開挖之前，我們只能想像（用心），而不會知道，我們只能夠好奇。無論想挖掘出什麼，那無知的好奇狀態都會因挖掘的結果而改變；或許，果如所料地挖出了我們所寄望之物，或許，挖出了令人喜出望外或大失所望的東西，那原先的好奇之心必然會隨著客觀所現之物而變化。怪，就是這個好奇心情的變化。

怪這個字從好奇心情的變化，逐漸也擁有了事物變化其形的意義。比方說：「水木之怪」、「山精石怪」、「螃蟮怪」、「狸貓怪」、「水獺怪」……這裡的「怪」所指的都是一樣東西歷經時間巨力的磨礪，以一種神秘的能量修持其本性，漸趨於人性，最後達到幻化於人、物之間，往來無礙的境界。所變者尚不止於此——原本只是好奇心情之變，一旦不能適應或接受那個變，而主觀上情緒受到了擾動，「怪」甚至還變化出「埋怨」、「責備」的意思。

有一天，放學後的一段校園嬉戲時間裡，張容被同學推倒在地，後腦勺上腫了一個大血疱，下手的是他的好朋友，原本沒有惡意，就是玩瘋了而已。張宜很小心地用手撥開哥哥的頭髮，像是在挖掘一個神奇的秘密。她把那傷處摩挲研究了半天，得到一個結論：「好怪喔！太奇怪了！很大一個包，中間還紅紅的——」

「這有什麼奇怪呢？這就是皮下瘀血呀。」我問。

張宜瞪大了眼說：「原來卡通片不是亂演的！」

鬧

我一直以為上一個暑假應該就是最後一個打打鬧鬧的暑假了。從上一個暑假到這一個暑假之間，不是已經過了一個大年了嗎？孩子不是變胖又變高了嗎？可是伴隨著遠近噪鳴的蟬聲、午後的雷雨聲和暴漲的山溪聲，我還是浸泡在一片打鬧之聲裡。

「再鬧！」我吼了一聲，收拾著一桌子被打翻的墨汁和清水，拈起筆寫了一個「鬧」字：「來認你們自己的字。」

俗用從「鬥」的字很少，一隻手指頭數得過來，不過「鬧」、「鬨」、「鬩」、「鬭」、「鬮」而已。這個小族群的字必定來自一個「相爭」、「爭勝」的狀態。

羅振玉依甲骨文字形解釋，以為「鬥」字是兩個人「徒手相搏」。不過，如果仔細觀察兩邊相持不下的人，似乎並非徒手，而是拿著傢伙對幹。於是《說文》許慎又以為鬥字本從「丮」——此一字符的讀音和意義都是「戟」（武器），也可以解作手持器械的動詞。

清人段玉裁根據《說文》分部的次第另為判斷，認為將「丮」字攪和進來，定為「持械」之說，根本是淺人竄改許慎原作，不是《說文》的原意。依照段玉裁的解釋：「鬥」還應該是兩個人徒手相爭。因為鄉下人打架，總是兩個人相互揪扭，沒有必要牽連上持械搏擊的士兵。光是這個字裡有沒有「武器」，就鬥得夠凶、鬧得夠凶了。學者之爭，何其煩瑣無聊？

話也不能這麼說。這個「鬥」字裡容有武器與否，牽涉到我們對於古代老百姓能否擁有武器的判斷。照段玉裁的推測，「鄉里之鬥」是用不著也拿不到武器的。換言之，在發明「鬥」字的時代，人們不能自由擁有武器，則「鬥」勢必徒手進行。

張容仔細觀察了這個字的甲骨文造型之後，說：「我覺得這個字裡面沒有武器，如果是吵吵鬧鬧而已，幹嘛要用武器？從前的人用鋤頭也可以把人打得很慘，可是鄰居打架不會打得那麼慘。」

「如果不是武器，那兩個面對面爭執的人手上那麼多分岔又是什麼？」我問，同時想起了畢卡索一九三二年的那張名畫——〈夢〉。

畫中的女子（據說是年方十七歲的瑪莉．狄賀絲）似乎是沉陷在柔軟的沙發裡假寐，她的眼睛閉著，紅唇微啟，酥胸半露，兩隻手各自有六根手指。畢卡索的新女友當然不是駢拇枝指之人，世故的觀畫者都知道：那是一雙動態中的手，多餘的兩根手指所顯示的不是實物，而是動態。

從那張〈夢〉中來看，這個「鬥」字的發明可能也出於相似的邏輯，為了表現鄉人相互揪扭廝打，手臂、手指、拳頭為什麼不能以紛亂歧出的筆劃來表現呢？

「鬧」則是一個後起字，出現的時代相當晚，至少在唐代以前的文獻資料裡還看不到這個字。這是個標準的會意字，比合「鬥」、「市」可知，市集上的人為了買賣爭勝而大聲吵嚷，喧擾不安，甚至爆發衝突。

「我們家一定要因為有你們兩個在，就變成菜市場嗎？」我說。

小兄妹並不理我，他們只是專注地盯著紙上那個「鬥」字的甲骨文。良久之後，張容問張宜說：「你看它像什麼？」

「鍬形蟲。」張宜說。

他們終於在不理會我的教導上安靜地達成了共識。

緒

老師給出了個作文題目：「情緒溫度計」。希望孩子們能根據日常經歷，察覺生活中種種情感刺激的反應。就作文命題而言，溫度計是個有趣的比喻；老師的用意很清楚：我們得面對自我感覺裡種種高低起落的情態。

「我不要寫溫度計，」張容很堅決地說：「我要寫小精靈，把每一種情緒寫成一種小精靈。」

其中兩段是這麼寫的：「最常來找我的小精靈叫無聊。每當我不知道該做什麼的時候，他就會出現。他的表情既不高興，也不憂傷，更沒有憤怒，而是對什麼事都沒了興趣，這種感覺真令人煩惱。

「無聊小精靈最怕好奇小精靈——好奇小精靈隨身帶著一大堆問號，動不動就會說：『是怎麼一回事呢？』『後來怎樣了呢？』『究竟為什麼呢？』『會發生什麼結果呢？』這些問題一旦跑出來，就會讓無聊小精靈迷路，然後就消失了。」

「情緒的『緒』是一個什麼樣的字呢？」我等他闔上作文本，情緒高昂地準備大玩一場的時候忽然偷襲了兩個問題：「為什麼要用『緒』字來形容我們的情感狀態呢？」

「緒」字的聲符「者」本來就是一個複雜多歧解的符號，有說是「黍」的，有說是「蔗」根之下加一個「甘」字的，證之以不同鼎彝之器上的銘文，大約就是表示「諸多」、「眾多」之義。作為「緒」字中兼有意義的聲符，「者」字的上半截成紛歧樣貌的枝杈也常被學者解釋成一繭絲的許多個端。在這個理解的基礎上說「情緒」，充滿不盡可知的況味。一方面，所謂「情緒」，有一種「尚需細膩辨認」、「有待分別析理」的意思；另一方面，經由辨認、析理之後，顯然該會有進一步的解釋才對——所以說「情緒」看來是處在一種「未完成的狀態」。但是——

「不同的情緒會同時發生嗎？」我追問下去：「你會既興奮，又憂愁嗎？」

「不會。」張容斬釘截鐵地說。而對於這種抽象的問題，張容顯然不如張宜有興趣，張宜立刻帶著些賣弄的神情說：「可是如果看到壞人的話，我會既害怕，又生氣。還有參加鋼琴比賽的話，我會既緊張，又興奮。」

「你就是既炫耀，又炫耀！」張容氣鼓鼓地說，看似受到「嫉妒小精靈」的影響了。

然而，我們繼續這樣推敲字義的時候，會赫然發現：一如其他許多「相反為訓」的字——比方說：「亂」正同於「治」一樣，「其臭如蘭」正同於「其香如蘭」一樣，「徂」既是「往」、「死」又是「留」、「存」……。「緒」這個剪不斷、理還亂的心情端倪，正一如與它自己的讀音相同的「序」和「續」一樣，又有著「次第」以及「剩餘」的含意。《莊子．山木》篇不是有這樣一小段話嗎：「食不敢先嘗，必取其緒（吃的時候不敢搶先，必定是吃剩餘之物）。」

「端緒」、「頭緒」是居先的、未經整理的，而「餘緒」、「遺緒」則是居末的、殘剩的。別以為這個字在兩頭之外的中間不佔地位，倘若是用在《史記．卷九十六．張丞相列傳》裡：「張蒼為計相時，緒正律曆。」此處的緒，又是「尋繹」、「推求」、「檢覈」的意思了。

「一個字，從頭到尾帶中間，全歸它管，厲害吧？」我說。

「什麼字？」張宜原來根本不知道我們說的是一個字。

諱

我們是東道主，得主持一個接待遠客的宴會，由於明知我和孩子們會提早一個小時到場，那會是相當無聊的一段時間，我於是讓他們準備了課外書。張容帶了一本《德國尋寶記》，張宜帶了一本《小公主》，我也往背包裡塞了一本三十年前的《今日世界》雜誌。傍晚大塞車，眾賓客來得比預期還遲，在餐廳的包廂裡，我們享受了將近兩個小時圖書館般的寧靜。

張宜忽然把書放下，搖著頭說：「這本書裡的語詞重複太多了，太多了！多得不像話。」

「不要太誇張了吧？」

「真的啊！你看——」她指著一個詞「去世」說：「書裡面莎拉的媽媽死了，後來爸爸也死了，不管誰死了，都說是『去世』，而且一直『去世』，一直『去世』，難道沒有別的話可以說了嗎？」

我說：「那麼你認為該怎麼說呢？」

她想了想，說：「掛了！」

我說，還有呢？方言裡有說「老了」的，那就是指死；有說「不在了」的，也是指死；「過身」、「過世」、「逝世」、「歸道山」都是指死。甚至「不諱」，原來都是因為諱言一死的緣故而出現的語詞，還是指死。

近些年從佛教團體那裡傳揚出來一個詞，叫「往生」。「往生」——就好像「願景」一樣——是那種我怎麼也說不出口的詞兒；這種詞兒很新、很生，新而生得有點帶假，說時教人口澀。如果真要講究來歷，則「往生」一詞，在淨土宗裡應該是指具足信、願、行，一心念佛，與阿彌陀佛的願力相互感應，死後才能往西方淨土，化生於蓮花之中。老實說，要「往生」，還有很高的門檻兒的，並不那麼便宜。可我們任誰都不免會有這樣一段記憶：某女士哭紅了雙眼跟我們說：「我家的小狗，小狗——昨天往生了！」

「諱」的本意原本是「不言」，不言什麼呢？當然是人生最不能面對的結局。「諱」字從言、從韋；「韋」不只是此字的讀音，也兼有否定的意義。它最初是指「熟治皮革，去毛而柔化」的過程。仔細看「韋」這個字，它也是個形聲字，以中間的「口」（音「圍」）作聲符，上下兩端的形符則象徵著相對施力——這兩個形符如果變換成左右並置的寫法，就是「舛」（讀若「喘」），衍生出「相互背反」的意思。背反、否定、違逆——「不」！「死」真是不好說，非但要「諱言」其事，就連不得不說的時候，往往還得再加上一個不字，居然變成了「不諱」。

當年韓愈鼓勵李賀考進士，畏忌這位年輕詩家出人頭地的人便藉由避諱的講究來詆毀李賀，認為李賀的父親名叫「李晉肅」，做兒子的就不該舉「進士」。韓愈為此寫了一篇筆鋒犀利、辭氣淋漓的短文，叫〈諱辯〉，有「父名晉肅，子不得舉進士；若父名仁，則子不得為人乎？」之語，勁拔奇警，讀之令人拍案！

究其實而言，「諱」既是「不言」，「不諱」自然就是直言了。對於「不諱」這個詞，我還是獨鍾「直言」之義。人生一切若能豁然開朗，敞亮向人，那是幸福的。然而我們不但遇事多所畏葸，也經常在思想的時候，有意無意地鑽進許多語言的角落，尋求字面的庇蔭，以免情感受到創傷，反而增生罣礙。

「有那麼多詞來形容死，你覺得哪一個詞形容得最貼切？」我問張宜。
她說：「還是『掛了』！」說時翻了一下白眼。

幸福

「幸福」二字連用，恐怕是宋代以後的事，而且連用起來的意義，也遠非近世對於愉悅、舒適、如意的生活或境遇的描述。最早使用「幸福」，應該是把「幸」字當「祈望」、「盼想」的動詞，所以《新唐書・卷一百八十一》說到唐憲宗迎佛骨於鳳翔，奉納於宮中，韓愈寫〈諫迎佛骨表〉，皇帝氣得差一點貶死韓愈，可是儘管祈福如此虔誠的皇帝也未能安享天年。史家說：「幸福而禍，無亦左乎！」意思就是，求福而得禍，實在是大大地悖拗人意呀！

倘若「幸福」二字的連用，能還原成將「幸」字當作動詞，應該會給那些終日自覺不幸福、或是不夠幸福的人一種比較踏實的感覺。道理很簡單：「幸福」不是一個已完成的狀態，是一個渴望的過程——而且往往不會實現。

這一個例子來自七歲的張容。首先要說的是，他從來不覺得自己有什麼幸福可言。

他的妹妹總是搶他的玩具、擾他的遊戲，他的媽媽總是訂定很多規矩，他的爸爸則往往因為神志受到外星人遙控而忽然發脾氣。他於是肯定地說：「我不知道幸福是什麼。」

我趁外星人一時疏忽而自行脫困以後，問他：「要怎樣你才會覺得幸福呢？」這一問讓他猶豫了很久。

「有一個阿拉丁神燈就很不錯了。」他說：「擦擦燈，叫那個燈神幫我去上課，我就一直一直待在家裡一直一直玩，等祂回來，再把學到的東西教給我。這樣就很幸福了。」

「不上學很幸福嗎？」我說。

他想了想，搖搖頭，又說：「那神燈換成孫悟空好了。」

我點點頭：「孫悟空有七十二變，對小孩子來說很夠用了。」

「我只要觔斗雲就好。」張容說。

「只要觔斗雲就幸福了嗎？為什麼？」

「觔斗雲跳上去一下子就到學校了，路上不會塞車。」

「上學不會塞車就幸福了嗎？」

「早上睡覺可以一直睡，睡飽了慢慢吃早飯，吃到上第一節課前再出門都來得及，都不會遲到。如果早一點到學校，還可以先抄聯絡簿，就可以開始寫功課了。」

「你們是一大早寫功課嗎？」

「一大早抄了聯絡簿就知道功課啦。」

「那我覺得還是讓阿拉丁神燈幫你上學比較幸福。」

張容又想了想，最後還是決定，有觔斗雲比較幸福。因為他喜歡有同學在一起的感覺。我永遠不會忘記這一段毫無深刻意義的對話，也因之必須嚴肅地提醒辦學校、搞教育的人通通弄清楚這一點：你們的教材、作業和教學通通不能提供孩子們幸福的祈望和盼想，能夠讓他們感覺幸福的誘因，可能只有三個字：「小朋友」。這是唯一不經由校方提供的資源，也是真正幸福的載體。

喻

比喻使人快樂。

打從進學開始，友朋間有雅好談玄辯奧者，一向讓我肅然起敬；但是鑽之彌深，言之越切，一旦理路拙於詞鋒，容易生口角。可是，倘或有擅長取譬成論者，總覺得如薰如沐，而不至困於名理。大約就是在學生宿舍裡挑燈捫蝨、言不及義的那段時間裡，我開始發現：「打比喻」是一種冷靜沉著的力量，不是太容易的事。

我發勤力學寫了幾年舊詩，目的就是為了重新認識一遍自己使用了幾十年的字，每每一燈獨坐，越是朗讀、臨摹、體會、琢磨，越是覺得中國文字透過輾轉相生的意義累積，發展出「無字不成喻」的一套辨認系統。

所以《說苑．卷十一．善說》裡有這麼一則故事：

有賓客對梁王曰：「惠子就是會打比方，你不讓他打比方，他就什麼話都說不上來了。」

梁王第二天見了惠子，就跟惠子說：「先生你有什麼話、什麼理、什麼事，但請直說，別打譬喻。」

惠子說：「現在有個人，不知道彈弓是個什麼東西，一旦問起來：『彈弓長什麼樣兒？』您要是跟他說：『彈弓就是彈弓的樣兒。』這樣，他能明白嗎？」

梁王說：「那是不能明白。」

惠子接著說：「那麼就換個說法：『彈弓的形狀就像弓，但是用竹片作弦。』這樣說的話，能夠明白了嗎？」

梁王說：「這樣就能夠明白了。」

惠子又說：「言談說話不就是這樣嗎？用人所已經瞭解的，來說明人所不瞭解的。如今王不讓打比喻，怎麼能把話說得明白呢？」

梁王立刻說：「明白了。」

這是一段十分幽默的記載，同樣的話抬到邏輯學家面前，一定還是會招致申斥，因為純就邏輯上說，任何類比推理都是不能成立的。梁王在一聽見「今有人於此而不知彈者」卻沒有及時制止，就表示他已經上當了。儘管，在前一天提醒梁王注意此道的未必是個進讒之人——甚至很可能還是個能夠深思熟慮、不為詖辭所惑的智者，但是防範「非合於名理」的真知灼見畢竟不敵譬喻之動搖也疾，浸潤也深。

於是，我常常試著在跟孩子們說話的時候，刻意在他們述說了某事之後緊接著試探性地問一聲：「就好像——？」

有些時候，他們會把要說的事重新說一遍。妹妹張宜往往沒有耐心思索，就會說：「就這樣，沒什麼好像的。」哥哥在不會打比喻的時候會出現這樣的句子：「巴小飛（就是《超人特工隊》裡的小男孩Dash）跑得很快，就好像什麼也不像的他自己一樣。」

但是我鍥而不捨、試著「點燃譬喻之火」的努力終於有了一點回應。張容忽然跟我說：「鋼琴底下有一根棍子，彈的時候會把聲音變小，就像是走在旅館的地毯上一樣。」他妹妹立刻搶著（像是參加一個譬喻大賽那樣）告訴我：「我吃的柳丁扎扎的，好像三角形尖尖的沙子戳在舌頭上一樣。」

比喻使人快樂。

信

總是在孩子的病癥十分明顯後，做父母的才會想起來：哎呀！早在某時某刻，孩子的作息神色已經異乎尋常了，怎麼沒能及時留意、以防患於未然呢？

這一波的流行性感冒似乎也不例外。我只能匆忙把病苦涕泣的張容提早接回家，焦心等待著小兒科下午的門診開始掛號，煮一鍋稀飯，最多就是厭恨自己完全沒有足夠診斷病情的醫學知識。孩子擔心的事跟我很不一樣，他低聲下氣地說出了他的期望：

「明天你要讓我去上學。」

因為明天要月考。他的經驗直覺應該是「爸爸明天絕對不會放我去上學的」，所以才會抱著枕頭、流著淚這樣說。

「月考是個屁，放了就算了。了不起以後補考，你緊張什麼？」我說。

但是他不要補考。補考似乎是比生病還要嚴重而可怕的事。

「你還有大半天的時間可以休息，休息過來了，也許還能參加月考，這樣可以嗎？」我給餵了水、量了體溫，再問他一次：「是不是要對自己的身體有信心呢？」

他搖搖頭：「我是對你沒信心。」

我是個動輒戒慎恐懼、凡事大驚小怪的父親，比起我的父親來，我算沒主意得多。記得兒時一旦生病，父親總是三句話：「恨病吃飯」、「恨病吃藥」以及「恨病信大夫」。我對「恨」這個字最初的印象總是跟「病」連在一起。無論傷風感冒鬧肚子甚或是肺炎，父親先把這三句像咒語一樣的話搬出來，有如逢年過節請出祖宗牌位供一供的況味。

「信大夫」幾乎像是做人的基本道理一樣，在我成長的歲月裡發揮了重要的作用。用現在時髦一點兒的話說來就是：「交付專業」。然而真實生活的內容不只如此簡單。在我四歲那年，因為感冒併發支氣管炎，拖得時日太久，又引發了肺炎，後來是被一個開了家「松本西藥房」的鍾大夫給救轉了一命——那大夫在日據時代是個獸醫，好像從來沒有任何正式醫院的問診資歷。

然而，我父親基於「恨病信大夫」這五字真言（也可以戳穿了看：是因為沒有住大醫院做全面治療的錢），於是選擇了一個冒險的治療方法：每天早晚兩次，父親背著我去「松本西藥房」打抗生素。日後他對於這一段說來驚險的療程十分得意，他認為是他閱人無數，識才明決，乃至於「恨病信大夫」這一原則起了根本作用。

我永遠記得：鍾大夫每打一針盤尼西林前，都會用小刀片兒在我的臂彎裡劃個十字，等皮膚滲出血來，再滴上少許的藥劑，看是否會有過敏的反應。每當這個時刻，鍾大夫就會問兩句話，一句是：「有什麼感覺？」一句是：「要努力相信自己的感覺。」「要努力相信自己的感覺」——我一直覺得那是一句極陌生而很有美感的話，後來才明白：這叫「異國情調」。我猜想是一向受日本教育的鍾大夫直接從日文裡搬過來的。

這一天我跟張容說：「如果我說明天一定會讓你去考試，你會感覺舒服一點嗎？」他點點頭，安心地閉上了眼睛。

這一次我沒有說「恨病吃飯」、「恨病吃藥」、「恨病信大夫」；我說的是：「那你要努力相信自己的感覺。」

孩子居然笑了。

厭

我有不少討厭讀書的朋友。他們不討厭我，我也沒有必要拿建立書香社會那一套陳腔濫調去討他們的厭。不過生命中總有這樣一種時刻，他們會忽然認真計較起來，跟我爭一個理：「讀那麼些書幹嘛？」

真正讀了不少書的人應該本著受惠於閱讀之故，起而捍衛知識的尊嚴，他們也許有令人心服口服的答辯。而我自覺讀書太少，沒有驕人獻曝的資格，只好答說：「別的更不會了，只好讀點兒書。」

可是在寒假期間，我無意間從女兒的困惑裡發現了另一個答案。原來，她總在鬧彆扭的時候說：「討厭爸爸！」問她：「為什麼討厭爸爸？」她是不會進一步給答案的，只重複一句：「討厭爸爸！」有一天，在重複了這一句之後，她忽然大惑不解地喃喃自語起來：「為什麼『討厭』的時候要說『討厭』呢？」

是呀！為什麼會是「厭」這個字呢？我想起《詩經》裡用這個字的時候表現的意思還是「苗草盛美」之類的意思呢。越是接近《詩經》那個時代的文獻裡使用的「厭」字，反而越多正面的意義。

作為「飽足」之義的「厭」，見於《老子》；作為「滿足」之義的「厭」，見於《左傳．僖公》；作為「合乎心意」之義的「厭」，見於《國語．周語》。即使讀音成平聲（如「煙」字），取義為「安然」、「和悅」之貌的「厭」，也在《荀子．王霸》中出現。還有一個如今已經陣亡了千年以上的音義組，就是發音如同「揖」字的「厭」，意思也就是作揖——只不過我們尋常熟知的作揖是抱拳向外推拱，而「厭」則是抱拳向內牽引——這個行禮的講究，具載於《儀禮．鄉飲酒禮》。

整個兒看起來，「厭」字跟一個人吃飽喝足了之後，感到愜心滿意、神情和悅的這麼一個狀態有關。正因為飽足滿意這個狀態是不容許失其節制，甚至不應該貪欲其長久維持的，於是，「厭」的負面意義便如影隨形地浮現了。老古人使用「厭」字表達怨憎不喜之意，或多或少是基於對「吃飽喝足，愜心滿意」的戒慎疑懼之心吧？

我把這一大堆意義和用法用最簡單的白話文和生活中常用到的實例解釋給張宜聽，

到末了她只對「抱拳向內牽引」的動作有興趣——所幸的是：當下就忘記了「討厭爸爸」。

幾天之後，她和我的同事聊起寒假來。我的同事隨口問道：「寒假好玩嗎？」張宜說：「一開始還不錯。」

「那後來呢？」

「還是天天要去國語日報上課呀。」

「上什麼課？」

「就是玩桌上遊戲呀，下老鼠棋、跳棋、這個棋、那個棋，一直玩一直玩一直玩。」

「那不是很過癮嗎？」

「一直都在幹什麼一直都在幹什麼，有點討厭。這就是『討厭』的意思，你不懂嗎？」

我的同事搖了搖頭，她顯然不太懂張宜的意思。但是，就在那一剎那之間，我發現了「讀書幹嘛？」的另一個答案：一起分享了某種知識的人，自有其相互會心的秘密樂趣。

然而這不是張宜的結論。張宜當下支起腮幫子，露出無聊至極的表情（諸如「這一成不變的寒假」之類），接著，她跟我的同事說：「唉！所以我想換工作了。」

詈

趙翼《甌北詩話》是一部非常有趣的書——趣之所繫，與一般著力於尋章摘句的詩話迥然不同；作者經常意不在詩，而在世故人情的洞見。味得其情，往往不覺失笑。我像個傻子一樣笑著的時候，張容忽然從房門外闖進來，有如連贓帶證拏獲了人犯，指著我說：「你在笑！」妹妹也跟著衝進來：「對！你在笑。」我說是。兄妹倆互相張望一眼，張容說：「你在笑什麼？」張宜則對哥哥說：「對呀，他在笑什麼？」我搖了搖手上的書：「笑這個。」張容說：「是笑話嗎？」張宜接著說：「講給我聽。」

那就一定不好笑了——我在心裡說。然而，轉念一想：就讓我們試一試吧！

趙翼不知從哪兒讀到一首出自明人手筆的七絕，其詩如此：

一自蛾眉別漢宮，琵琶聲斷戍樓空。
金錢買取龍泉劍，寄與君王斬畫工。

箇中故事很淺顯，說的是昭君出塞的心情。眾所周知：世傳王昭君非但天生麗質，且善度音律，堪稱色藝雙美。就因為沒有打點好宮中畫師毛延壽，毛銜怨而刻意把王昭君畫得極醜，以致遭到遣送匈奴「和番」的命運。詩不是什麼好詩，落在嚴肅的詩家手裡，不定還會貶為「書場裡的七字唱」。但是趙翼別具隻眼，於引錄此詩之後如此寫道：「此則下第舉子，藉以詈試官，非真詠明妃也。」一首詩不當詩看，而當罵架的話看，卻為原本詩質不佳的作品開發了雋永幽默的風致。我是因為這品味而笑的。

小兄妹倆在毛延壽醜化王昭君那裡還聽得津津有味，到了我解釋「落第舉子」、「試官」這兒就只能用坐立不安來形容。尤其是當我一面寫、一面解那個「詈」（音ㄌㄧˋ）字的時候，他們實在難以忍受了。但是我總不嫌話多，一逕講下去：「詈就是罵，但是罵人不一定要兇、不一定要發怒、不一定要用表面上很壞的字眼——」

「你罵我都很兇，」張容忽然插嘴說：「而且我有記下來。」

「對！他有記在本子上。」妹妹神情認真地補充。

我能有什麼出色的下一步呢？當然是索而觀之。不多時，「罪證」呈堂，果不其然！在張容手繪的甲蟲圖本某頁空白之處，寫著這麼一段話：「二〇〇七年五月三十號，我八歲時，我說一種爸爸覺得很好吃的納豆吃起來像豆沙，爸爸跟我說：『你懂個屁。』還罵我笨東西。」

我真的這樣說過嗎？一時之間，千百句辯解的話齊齊湧上咽喉：沒有這樣的事吧？你記錯了吧？你聽錯了吧？我怎麼會這樣罵你呢？還是當時是在跟你開玩笑呢？是的，的確模模糊糊有那麼一點討論過納豆口感的印象，可是——可是，我當時會那麼粗暴嗎？

「不管當時怎麼樣，那樣說話真是不對。」我支支吾吾了半天，終於硬著頭皮說下去：「謝謝你記下來了，實在是對不起你！爸爸真不該說出這樣沒水準的話。拜託你，張容，以後我如果還說了什麼讓你不舒服的話，你就再寫下來，過後再拿給我看，也許我就越來越不會這樣罵人了。」

「那我也要去寫。」妹妹補了我一腳。

「你學會寫字以後就可以寫了。」我說。

「我已經會寫注音符號，也會寫一些國字了。」張宜非常堅持。

「可是你現在還沒有能力寫吧？明明不會寫不要趕這個時髦好嗎？」

「你在罵我嗎？」張宜瞪我一眼。

悔

「今天不做，明天要後悔。」

某大建設集團的老闆這樣告訴我們，那是一則帶著諄諄勸誡之意的房地產廣告，從汽車收音機裡飄出來。我初不在意，不料張宜忽然傾身向前，嘆了一口氣，幽幽地說：「我每天都在後悔！」

我減緩車行，向路邊停靠了：「你每天都在後悔？這很嚴重呀！你後悔什麼事呢？」

「很多呀，」張宜說：「字不會寫會後悔，沒有練琴會後悔，考試考不好會後悔，水壺忘記帶會後悔，肚子餓了沒有東西吃也會後悔。反正每件事好像都會後悔——咦？你為什麼不開車了？」

我在想王國維那首詩〈六月二十七日宿硤石〉：「新秋一夜蚊如市，喚起勞人使自思。試問何鄉堪著我，欲求大道況多歧。人生過處唯存悔，知識增時只益疑。欲語此懷誰與共，鼾聲四起鬥離離。」王國維的夫子自道之詞更能表達這一份「人生過處」的無奈和感傷：「余之性質，欲為哲學家則感情苦多而知（智）力苦寡；欲為詩人則又苦感情寡而理性多。」

王國維的一個「悔」字所呈現的是種種交互作用而使人躊躇不前的兩難，他的整個兒人生都籠罩在左支右絀、趑趄不前的矛盾之中。這種「悔」，是在受想行識的糾纏之中自尋煩惱，境界自有其高度，似乎和「每天都在後悔」的一個小孩子距離甚遠。

平日言談之際，往往比妹妹更見幼稚的張容則趕緊插嘴道：「我也常常後悔。記不記得上次跟我打甲蟲機？你教我用『剪刀必殺技』，結果輸了，我也很後悔，我應該出『布』的。我每次打甲蟲機聽你的話都一定會後悔。」

「『每次』嗎？」我不服氣地問：「我沒有幫你算對過嗎？」

「你算錯的我比較會記得。」

「悔」是一個形聲兼會意字。「每」既是「悔」字的聲符，也是這個字主要的意義來源。在甲骨文裡，「每」字可以單獨看成一蓬雜出兀長的野草，那模樣簡直就是

「野火燒不盡，春風吹又生」。也可以解為一個看來頭上頂著一叢亂草的女人（母親），那叢亂草頗有抽象的意義，象徵眾子女出自母體，也就是一個接著一個，「眾所從出」的意義。看樣子，「每」字在初民社會裡還有繁衍子女的況味。然而，這是我僅見的一個對於生養眾多子女卻不帶任何祝福之義的字。相反地，從跪著的女人頭上凌亂雜廁的線條看起來，這個母親對於一胎又一胎、漫無止境地生孩子這件事，是感覺不愉快，甚至厭煩的。

所以打從造字之初，「悔」這種情態就已經包含了「屢屢」、「經常」，甚至「總是」之意。而且這種一而再、再而三的重複，並不是什麼愉快的經驗，我們可以根據字面來斷言，「每」不是一個表達頻繁性的中性字。「每」就是重複發生令人痛苦之事的表述。而「悔」，也不是只發生一次的自責自怨，而必得是接二連三、避之無地的過失和怨恨。

「我們不回家了嗎？」張宜問。

「現在不回家，等一下要後悔，哈哈哈哈！」張容高興地叫起來。

買

小說家黃春明有一次帶些玩笑意味地跟我說：「以後的孩子們寫小說，恐怕不會寫得太好了。」我問：「何以見得？」他說：「孩子生活在一個什麼都可以方便買到的世界，要什麼也只知道買、買、買，生活裡只剩下『買』的話，其他能用的動詞就很少了。」在這樣說著的時候，小說家十指盤空撥彈，像是在做什麼手藝活兒似的。

尚未生養孩子之前，我一直以為自己當了父親以後，決計不會慣縱孩子買玩具、買零食、買各種他伸手就能要來的東西。我猜想自己應該會和孩子們一起動手做很多好玩、好用的東西。然而我錯了。買，往往發生於措手不及之際。

猛一回首，我們原本無意要用金錢換取而擁有的許多東西，已經紛陳於目前，羅列於廊下，充塞於生活之中。也常是在買到這些東西的瞬間，你就已經知道：它們即將在最短的時間之內被棄置在垃圾袋裡，任由人打包清運而去。無論掩埋或者回收，那物件若是還有機會再次出現於人間，一定會經過改頭換面，化作另一種材質，變成另一項商品，擁有另一個價格，召喚另一次購買。

「買」這個字和許多與金錢有關的字不同，像是「貿」，買賣交易之意；「貽」，餽贈流傳之意；「貰」，賒借租賃之意；甚至「賣」、「資」、「賈」、「賄」等字，都屬於貝部。自今日觀之，「買」之所以成立，非有錢鈔不可，也就是底下那個「貝」字。可是「買」字的部首卻是頂上那個「网」。

回到甲骨文的字形，「网」是一個盛裝著物品的網羅工具，底下則看似是兩瓣有著橫紋的貝殼。「貝」字字形的固定，大約是在金文時代，與日後的小篆或我們習見的隸書、楷書差異不大，可以一眼見出貝殼之為貨幣的淵源。

但是在甲骨文裡，「貝」字變化就多了。尤其是「買」字底下的那個形符，我怎麼看，怎麼覺得那不是貝殼，反倒像一雙手。也就是說，「買」字就是一雙捧著網羅工具的手，這也近於「買」之為字最初的意義：以物易物。向孩子們解釋「以物易物」並不困難，他們隨時在交換彼此的玩具以獲致更大的滿足。不過，自己動手做出一些可以跟人交換的東西，簡直是難於登天。

猶記兩年多前，我在幫孩子們收拾滿室玩具之時曾經這樣建議過：「我們不要再買玩具了，自己動手做吧？」

「你可以幫我做一個太陽，老師說可以用布、用紙、用毛線，老師還說不可以用鐵絲和尖的東西。」張容說。

「你可以幫我做一個娃娃屋，要有池塘，還要種一棵樹。」張宜說。

我當時覺得，這真是一個美好的開始。然而，美好的開始往往就是瞬間的結束。我的確花了幾天的時間，用四捲夾金夾黃的毛線和一件大紅棉衫做成了一個勾畫著獅臉的太陽；另外，我也用薄木板、厚紙片、皺紋綵帶和蠟燭製作了一棟有三個房間、兩層樓，養了金魚和烏龜的小池塘的庭園別墅——包括全套的廚具以及衛浴設備。

兩年後，我從遍布著灰塵和霉污的舊玩具堆裡翻揀出這兩樣手工藝品，問他們：「可以丟掉了嗎？」

「你辛辛苦苦做的，幹嘛說丟就丟呢？」張容說。

「等沒東西玩了就又要買新的，這就是浪費！真拿你沒辦法。」張宜說。

該

「該」是一個再尋常不過的形聲字，一邊兒是表義的形符（「言」），一邊兒是表聲的聲符（「亥」）。以許慎《說文》書寫慣例而言，「該」就是個「从言亥聲」的形聲字。某些文字學家認為：形聲字的聲符不應該擔負意義，也有些文字學家的意見恰恰相反。然而，若以《說文》所載之本義「軍中約也」來看，右邊這個「亥」（字形古與「戒」相近而相通）也總還是表達了一部分的意義：在軍中，人人相互戒懼的一種語言，謂之「該」。

我的疑惑是，既然「亥」字、「戒」字相通，為什麼在古籍之中「該」字沒有一處與「誡」字相通假呢？「該」字有將近二十個意思（廣博、包容、擁有、大概、充分、應當、管理、欠……等等），從未借用「誡」字表達過；而「誡」字所有的警告、戒備、囑咐、戒律等意義，也從未借用「該」字表達過。即使「軍中約」這個解釋成立，說它是因為「亥」、「戒」古字相通這個說法仍可存疑。

我以為整個來歷還是要從「亥」這個聲符看起。「亥」，是一個象徵土地之下草根亂竄、土地之上冒出一點強韌生機的字，造字者選擇「亥」為「該」字的聲符，是要以語言的申述來表達約束的效果——約束的語言猶如壓覆草根亂竄的大地，在土壤中四處萌生的草根在地面上卻形成簡單且一致的莖葉之形。

每當我教訓孩子：「把該吃的份量吃完。」「把該收的玩具收好。」「該睡覺了！」「該練琴了！」都涉嫌偷渡一種情境：讓明明是出於自己意志的指令，變成是出於冥冥中一個比我的意志更高、更堅定的規律（一如我們常常使用的「天經地義」），必須服從。質言之，我們使用「該」這個字的目的，是藉由將指令客觀化，來遂行語言的約束。

忽然有一天，我碰到了不一樣的解釋。

小學一年級的語文課本裡出現了那個版本眾多、歧義紛紜的童話。夏天的時候，小螞蟻們辛勤地工作，儲存糧食；小蟋蟀卻在盡情地玩耍、歌唱。直到冬天來了，由於沒有存糧，眼見就要餓肚子，蟋蟀只得去向小螞蟻告幫。這是個勸勉人辛勤工作、勿貪嬉戲的寓言，看似無多奧義。在課文之外，孩子還得回答一些延伸性的問題，比方說：如果你是小螞蟻，你會怎麼做呢？

張宜用她那筆迤邐歪斜的注音符號寫道：「我會把蟋蟀留下來，然後跟牠說：『以後該做的事要做到，不該做的事要等該做的事做完再做。』」

「明明是不該做的事，為什麼還要做呢？」我忍住笑，故意問她。

六歲的孩子已經能夠輕易地發現大人如何藉由看似不經意的問題來嘲弄他們，張宜立刻白我一眼，說：「就是因為有該做的事，才會有不該做的事；該做的事做完了，就沒有不該做的事了。你連這點道理都不懂嗎？」

張宜對於唱歌這件事是充滿同情與理解的，如果小蟋蟀唱歌（而不存糧）是一個錯誤，那也不能逕行禁止唱歌，唱歌之「不應該」，只不過是基於「存糧」之應該。易言之，「不應該」居然是「應該」的產物。

看來螞蟻和蟋蟀的故事還真是可以引申到「聖人不死，大盜不止」這種抽象度極高的哲學命題上去的。而那個「該」字，似乎也沒那麼「該」！

掉

學校規定，不論身在音樂班與否，每個孩子都要準備一支直笛。張容有一支直笛，張宜有——前前後後算起來——三支。多餘的兩支不能謂之多餘，因為「掉了」。在買了第三支直笛之前，她還差一點把哥哥借給她應急的那一支也掉了。

我還是個孩子的時候，也經常掉東西，掉文具，掉衣服，掉任何不長在身上的東西，我也總不明白那些遺失了的東西為什麼不肯老老實實跟著我。東西丟了就得再張羅，通常這是要花錢的。父母親心一疼，孩子就免不了挨揍；一旦揍上幾回，許多東西就長回身上來了。於是身為父親的我準備好一根比直笛粗一倍的棍子，這一天眼看是要動大刑了。

我一個人在家，先試試下手輕重，左手打右手心、右手再打左手心。棍子在手，揮一揮，晃兩晃。我勉勵自己，今天下午等張宜回來，一定要咬緊牙關，施以家法。

棍子在空中搖晃著，轉舞著。家法，我重複告訴自己。省了棍子，壞了孩子，不能惜物的孩子將來一定如何如何……

掉，原先就是表述「搖擺」、「顫動」之義的字。《國語．楚語》上用溽暑之際不停揮擺尾巴的牛馬，來形容多征戰煩擾的邊境。此字從手從卓，於六書分類算是形聲，而這個形聲字的聲符也表示一部分的字義──「卓」，就是高。《說文》的作者許慎以為，卓字有「日在十上」，「十」又表示「中央與四方」，頂著個日頭，應該就是個表示「高高在上」的會意字。我卻以為這「卓」的解釋沒那麼迂曲，它就是一面高高舉起、形象顯著的旗子。左邊加上一隻手，乃是搖旗。

從搖擺，還能引申出許多動作。像「翻轉」，蘇東坡有知名的十字句「潛鱗有飢蛟，掉尾取渴虎」即是。此外，也有「整理」之意。《左傳．宣公十二年》描寫善戰者瀟灑臨陣的情態，作「掉鞅而還」（整理韁轡，從容不迫地歸陣）。還有，像是更晚起的「賣弄」，如「掉書袋」一詞，命意絕不是把書袋遺失、掉落而散漫一地，反而是高舉、晃動、招搖，應該是從最早的那支迎風招展的旗子衍生出來的。

但是根據《朱子語類》可知，在南宋時，這個字已經另有遺失的意思，估計和「拋開」、「扔下」、「減少」這一類的字義差不多，都是較晚出現的。

「你認為一而再、再而三地掉東西，該不該打？」

張宜搖搖頭。

「那麼我這樣問你好了：你認為爸爸喜歡打你嗎？」

「喜歡！」她笑著說。

這是個出人意料的答案，而我不能接受，遂益發嚴起臉道：「你從小到大，犯過不只三十次、三百次錯，我打了你幾次？有沒有三次？」

張容這時在一旁搶著說：「四次——有一次是在外面餐廳，你用手掌打過一次。」

「你不要廢話，那就是三次。」我轉回臉，繼續對張宜說：「這樣叫喜歡打你嗎？」

「你就是喜歡打我。」說時，她的聲音飽含委屈，但是眼睛還在笑。

「為什麼這麼說？」

「我如果犯了那麼多錯，你早就打我三十次、三百次了，所以我根本沒有犯那麼多錯。」

我一時為之語塞，「家法」不時輕輕拍打著自己的手心兒，一會兒，那棍子就掉了。

牙

早飯桌上，張容表情慎重地告訴我：「我好像吃掉一顆牙。」

「是該換掉的牙嗎？」

他點點頭，撥開嘴唇讓我看那豁了一枚犬牙的空洞：「我只記得作了一個夢，夢見吃爆玉米花。」

「所以你把牙吞下去了？」

他看著我，微微帶些遺憾的表情，點了點頭。

他知道我用一個臼齒狀的盒子蒐集了小兄妹幾乎所有的乳牙。當然，這樣的收藏不可能完整，有的小牙「掉在學校」，有的「放在破洞的口袋裡不見了」。

「這種事真的沒辦法，你應該看開一點。」他這算是安慰我了。

牙和齒可以指不同之物。一個說法是，正中平齊的稱為齒，在左右兩側形狀尖銳的稱為牙；另一個說法是，當唇者為齒，在輔車之後者為牙。在這裡，需要解釋的反而是「輔車」這個詞。輔，面頰之謂也。輔車，既是指面頰和牙床，也可以指古代車輪外夾轂之木和車輿——無論何者，都是指相互依存的狀態。《左傳》上引用古代諺語，就有「輔車相依，唇亡齒寒」的句子，用之以形容那些受分封的諸侯王之間密切的邦交關係，是很恰當。先民使用的金文裡有牙這個字，形如兩個左右相反、卻上下相嵌合的英文大寫字母「F」。這就是在告訴我們：牙，沒有孤立一顆而能存在的。

牙字也有「咬」的意思，不過，作為動詞的牙字只生存了很短的時間，大約就是漢代，此前此後幾乎都不用這個字表示齧咬。但是作為名詞的牙，意義分化得便不少了。有專指象牙的用法，也可以借指形狀像牙齒的佩玉類器物。

另有一些時候，牙——就像「卓」字一樣——就是一面旗幟的象形符號。作為旗幟的「牙」，與原先動物嘴裡這堅硬、銳利的咀嚼工具全然無關，根本就是另一個字符，所指就是一種特殊的將軍旗。於駐守、行軍以及作戰之際，一般咸信：牙旗就是將帥的象徵，萬一折毀，於領軍之人極端不利。大概也就是從這個旗號的意義開始，「牙」

既可以指軍中將帥所居之地，又可以衍生出第二個動詞的意義：駐紮。甚至，此字也用來稱呼西北突厥等民族（特別是指那些常保機動戰鬥能力的民族）的王庭。再過一段時間，不只是軍隊中有旗幟的長官可用，這個字甚至被用來借指一般的官署（也就是後來的「衙」字）了。

牙，也有仲介之意。就飲食慣性言之，食物落肚之前，必須經由齒牙齧咬碾磨，才好消化，這是一個可能的意義來源。此外，讓我們回頭看一看那兩個左右相反、卻上下相嵌合的英文大寫字母「F」，便不難理解，相互依靠、相互結合，本來就是牙的生存之道，是以居間說合買賣雙方相互交易牟利之事遂以「牙」冠之，而有了「牙人」、「牙行」、「牙市」這樣的語彙。

「牙」字的特殊之處在於它顯示了一個不同的造字方向，這個字是在已經擁有了穩定的字義（咀嚼工具）之後，另因字形之別解（旗幟）而產生全新的意思。

到了這天晚上，我跟孩子們解釋此一有別於尋常的造字原則時說：「新的牙好像根本不是從原來的牙洞裡長出來的。」

「你有時候會亂打比方。」張宜說。

張容則興奮地說：「我後來找到那顆牙了！原來沒有被我吃掉。它掉在床上——只不過後來又被我弄丟了。」

更

無論同什麼人提起歷史小說家高陽，我總稱「我的老師」或「師傅」。他臨終前曾經抱怨我從不曾公開給他磕頭、行拜師禮，我當時的答覆是：「給磕頭有什麼難的？蹭了您的名聲我心裡過意不去。」

跟孩子們說到這段往事，他們只能以自己在學校裡的生活體驗來意會，於是自然會出現這樣的問題：「那他教了你什麼？」

「他教了我數不清的東西。」我說。

「他教你寫字嗎？」張宜問。

我愣了一愣，忽然想起一個字來：「是的，他也教我寫字。」

高陽曾受詩學於周棄子先生，而周先生浸潤吟詠，獨得力於宋人家數，命意謀篇，修辭結句，常宗蘇、黃；尤其是在詩中轉折遞進之處，重視我們今天文法學上所謂的

「副詞」。只不過老輩兒的人不那麼分析詞性，總把副詞、連接詞之類通稱為「虛字」，棄子先生嘗謂：「擅用虛字，是宋詩大異於唐人處。」

這個用語上的小講究，似乎對高陽自己寫詩有著莫大的啟迪。或許是為了印證棄子先生的看法，他特別在唐人集中留意，倒也找著了不少「擅用虛字」的例子。我忽然想起的那個字，就是這麼來的。

劉長卿（又傳為皇甫冉所作）有〈登潤州萬歲樓〉如此寫道：「高樓獨上思依依，極浦遙山合翠微。江客不堪頻北望，塞鴻何事又南飛。垂山古渡寒煙積，瓜步空洲遠樹稀。聞道王師猶轉戰，更能談笑解重圍。」

高陽是這麼問我的：「這個『更』字，作何解？」

「更」，從金文看，是以手執杵擊柝（或鼓）之形，那就是打更了，古代夜間報時用此。一更過了又一更，由此而引申為改易、值役、取代甚至交替的意思。作為副詞運用，最常見的還可以作「越發」解——「欲窮千里目，更上一層樓」即是。但是在這首詩裡，用「越發」之意來解似乎說不通。

高陽說：「本來也沒什麼難處，這叫『實字好認，虛字難說』，到了詩裡，『虛字』

之妙，就是文字本身說不得，意思卻彷彿能夠體會。你說最後一句：『更能談笑解重圍』，究竟這『重圍』解得了解不了？」

「看上文是解不了。」

「那就是了！」高陽接著說：「所以這『更』字應當作『豈』字解，是個反問的用法。」

「從文字學上看，沒有這個道理。」

「這是詩，哪個跟你談文字學？」高陽帶些不屑的意思，接著說：「可是，這一句如果真給改成『豈能談笑解重圍』，語氣又太強硬了，反而像是在觸那個『王師』的霉頭了，劉長卿作意斷斷乎不至於如此。」

我似有所悟，一時間就算有了體會，也還說不明白，高陽接著又說：「那麼『十四萬人齊解甲，更無一個是男兒』，這裡的『更』呢？」

這是五代後蜀的花蕊夫人徐氏所作的〈口占答宋太祖述亡國詩〉，原文如此：「君王城上豎降旗，妾在深宮哪得知。十四萬人齊解甲，更無一個是男兒。」

「跟剛才那一句一樣，作『豈』字解，也說得通吧？」我說。

「不如作『竟』字解。」高陽說：「你要體會：就算字是倉頡造的，意思可不全歸他管；用字的人，本來就該發明意思。」

單憑這一個「更」字，以及「憑詩化字」的門道，以高陽為師，我是終身受用了。

贏

我總是記得一些沒用的事，比方說最早在一個什麼場合之下學到一個什麼字。

像「衛」這個字，就是我還在幼稚園上大班的時候，有一天晚飯上桌之前，我父親指著我剛拿回家來的一張獎狀，唸了半句「查本園幼生——」便停下來，露出十分困惑的表情，說：「怪了，怎麼是『幼生』呢？你知道這『幼生』是什麼意思嗎？」我當然不知道。他又皺著眉頭想了半天，才說：「應該是『衛生』才對呀！怎麼變成『幼生』了呢？」接著，他一點一劃地用筷子蘸著暗褐色的五加皮酒在桌面上寫下了「衛」字。「衛生」是什麼？是我父親拐彎兒抹角跟我玩兒語言的一個重要的起步。他解釋：「一定是因為你洗臉都不洗耳朵後面，又不喜歡刷牙，洗澡嘛一沾水就出來，怪不得你們老師給你個『幼生』，不給你『衛生』。」老實說，為了能得到一張有「衛生」字樣的獎狀，我的確花了很多時間洗臉、早晚刷牙並且確實洗澡。

這種沒有用的瑣事記多了有個缺點，你會很想把它再一次實踐到你的生活裡來。

不久之前，張容的學校舉行運動會。他跑得真不錯，姿勢、速度都比得阿甘，一口氣拿了兩面金牌。這兩場賽跑對於我家的日常生活影響深遠。我在勸他吃雞蛋、喝牛奶、早一點去睡覺甚至努力刷牙的時候，都有了更精確而深具說服力的理由：「你如果如何如何，就能夠長得更好、更壯、更有耐力——跑得更快。」

可是過了幾天，就有一個不知打哪兒冒出來的念頭祟動著了——該就他最喜歡的運動讓他認個字吧？依我自己的經驗，倘或不是深切關心的意思，總也不容易把一個字講好。對於張容那樣專注、努力地跑，應該讓他認個什麼字呢？

最後我選了一個「贏」字。那是我對運動或者其他任何一種帶有競爭性質的事十分深刻的焦慮。關於跑，如果前面不帶一個「賽」字，我很難想像有誰會沒來由地發動腰腿筋骨，所謂「拔足狂奔」。然而，一旦求勝、求贏，想要壓倒對手、想要取得獎牌，這似乎是另外一件事——張容在參加運動會之前，對於「六十公尺短跑」和「大隊接力」一無所知，只知道拚命往前跑，「像巴小飛那樣」。可是一旦站上領獎台，金牌環胸，他笑得完全不一樣了——就像一不小心吃了禁果而開了眼界的那人，猛裡發現了附加於「跑」這件事上一個新的意義、新的樂趣。

我趁空跟張容說「贏」。「贏」最早的意思大約不外乎「賺得」、「多出」、「超過」這樣的字義群組，稍遠一點的解釋也和「多餘而寬緩、過剩而鬆懈」有關。所以我特別強調：「贏」在原始意義上有「不必要」的特質。我想說的是：跑步不應該出於求贏的企圖，而競爭是遠遠處於運動之外的另一回事。

「如果，」最後我問：「如果沒有比賽，不會得到金牌，也不會領獎，也不會有人拍手照相，你還會努力跑用力衝嗎？」

我理想中的答案當然是「會呀！」，一個愛跑步的人不應該只想贏過別人吧？

不過張容的答案卻是：「那還有什麼意思？」

他妹妹說得更乾脆：「神經病呀！」

值

看來小孩子的耳朵是全方位接收著所有的訊息的。哪些訊息需要儲藏、分析、整理、運用——容我斗膽臆測——全憑這孩子的直覺。因為沒有任何一個外人能夠使用理性的教育工具幫上什麼忙。我也經常從孩子忽然冒出來的一句話發現，他們常常「在無意間偷聽」我說了些什麼，並且立刻搶到應用的機會——張宜在今天這個「值」字上提供了一個例子。

最近我總在跟張容討論些跟價值有關的問題。他從學校裡學習得來的結論是：「值得就是有用」、「值得就是有意義」、「值得就是不浪費」，諸如此類。但是孩子對於語言上的某些邏輯會有「過不去」的懷疑，對於大人強加於他的價值感，他總有閃躲、排除的說法，比方說：「有用的東西很多呀！每一樣東西都值得嗎？」「有意義的事情很多呀，你認為值得，我卻不一定認為值得。」甚至「媽媽認為值得買的東西你總說浪費」，諸如此類。

頂嘴為獨立思考之始——但是我討厭小孩子頂嘴。那一天我趁他在游泳池玩得高興，想起一招兒來，於是藉了個題目問他：「你自由式練多久了？十個小時有了吧？」他點點頭。「練得死去活來，還是只能游十五公尺，值得嗎？」他又點點頭。

「為什麼值得？」

「好玩呀！」

「練會了更好玩嗎？」

「會吧？」

「那就是更值得了。」我說：「所以『值』這個字不只一種『值』法兒。」

「值」當然是從「直」而來的。直，除了不彎曲、不歪斜、合乎正義、坦白以及作為對縱、豎之形的描述之外，也有相抵、相當、對上、遇上的意思。

而古典文獻裡的「值」這個字，最初的用法也都是「遇上」、「碰到」之意。除了《詩經．陳風．宛丘》裡的：「無冬無夏，值其鷺羽。」此處的「值」，在旁處少見，是執拿的意思。其餘從先秦到漢代，「值」多半都是從「遇上」、「碰到」衍生出來的「對」、「當」關係。像「值法」這個詞——幾乎不晚於「執法」——它的意思是違法、犯法。何以謂之違、何以謂之犯呢？就是有一個明確對立的關係。

你甚至可以這麼說：值，對立也。

當我們花一番精力、付一筆錢、寄託一把情感，所彷徨困惑的，總是「不知道究竟值不值得？」值不值呢？那就要看把什麼東西安放在這些支出的對立面了。我不懂兒童心理學，也答不出「如何為孩子們建立正確的價值觀」這樣的題目，但是我很小心地做了一件蠢事。我在游泳池邊跟張容玩相撲的時候告訴他：從認得「值」這個字就可以像練習游泳一樣練習自己的價值感——無論要做什麼，都把完成那事的目的放在自己的對面，清清楚楚看著它，和自己能不能相對？能不能相當？對不對？當不當？而不是同意或者反對大人的看法而已。

我明明知道，和一個比自己矮五十多公分的小孩在游泳池邊怒目相視、嚴陣以對地相互推擠是滿蠢樣的，不過，我從張容漲紅的臉上看得出來，使盡吃奶的氣力和自己的爸爸抗一抗，就算會一步一步被逼落水中，也都是很爽、很值得的事吧？

不過，他妹妹在旁邊，斬釘截鐵地警告他：「你再這樣浪費體力，等一下就沒有生命值練習游泳了我跟你講！你不要不聽話。」

生命值？據說是電腦遊戲裡運用「值」字打造的一個最新的詞彙。拜學了！

選

初進小學的張容與當年初進小學的我有一點很相像——我甚至推己及人地假設：所有初進小學的人，在這一方面都很相像——那就是隨時在比較「哪個小？哪個大？」

在我的小學經驗裡，股長比排長大，班長比股長大。老師大過班長，主任更大過老師。大莫大乎校長，但是看起來督學比校長還要大。真是人上有人，天外有天。有一年台北市長選舉，村子裡統一宣傳讓大家選國民黨的周百鍊，最後是無黨籍的高玉樹當選了。投票那天，我問父親：「市長大還是縣長大？」他想了想，揮舞著手裡的投票通知單、身分證和印章，說：「今天我選，我最大。」

投票總在星期假日，記憶之中往往透著點兒格外造作的晴和，父親那句「我最大」也和晴暖的天氣略近，顯得不大真實。日後想來，所謂「民主制度」，基礎就是在這裡開始晃悠的——只有在投票的這一刻，選民最大，其餘的時候呢？

「巽」這個字的字根是八卦之一，名曰「巽」，今音讀若「訓」。在八卦所顯示的方位上，表示東南。我們讀《水滸傳》，讀到智多星吳用賺騙玉麒麟盧俊義造反投靠宋江，就唬弄他往「巽位——東南方千里之外」去避一場劫難。以大名府（北京）相對位置來說，當時那巽位之所在，所指的就是梁山泊。

問題來了：梁山泊乃一百單八將所盤據，天下至剛至強之所在，為什麼《水滸傳》的作者反而要以盧俊義處身的北京為相對座標，來顯示梁山泊處於「巽」位呢？巽，不是卑順、謙讓之地嗎？《易．蒙》不是說「童蒙之吉，順以巽也」嗎？

這裡有兩層意思可說。一方面，盧俊義日後是要坐第一把交椅、統領山寨的，所以對盧俊義而言，整個兒山寨都是以北京作中心的巽位（東南卑順之地）；另一方面，為什麼要顯示梁山泊也是一個「卑順、謙讓之地」呢？這就跟宋江一心一意想接受招安的心態有關了——他畢竟是一個打從心眼兒裡想在「正常人」的階級社會中論資排輩混出身的政客，到水滸落草的豪傑們不過是他重返官場、飛黃騰達的墊腳石而已。換言之，整個兒梁山泊面對天子（封建社會的價值核心），還是只能「柔巽隱伏」而已。

巽字這個「擁有絕對的實踐力量，卻柔順謙退」的本質，早在《書經》裡就揭示過了，《書．堯典》裡明明白白將「踐履」天子之位元的關鍵字寫成「巽」：「朕在位七十載，汝能庸命，巽朕位。」

「選民」，不論解釋成上帝情有獨鍾的對象，或者手握投票通知單享受陽光照耀的老百姓，都是一組自相對反的意義的組合。相對於被選舉的政客們，選民看似至強至剛，然而不過剎那間事而已；相對於上帝，選民更是永遠的奴僕、草芥或芻狗。然而最有趣的是：一旦置身於「選」之一事，不論是可以選擇，或是可以被選擇，人都似乎因之而脫離了那個「柔順謙退」的地位，「擁有絕對的實踐力量」。

當我把這個「選」字仔細跟張容解釋過之後不久，他開始教導妹妹玩一個遊戲：「讓我們來選」——「讓我們來選全家最胖的人」、「讓我們來選全家最兇的人」、「讓我們來選全家最懶惰的人」……

這個遊戲最新的發展是：「讓我們來選全世界車子最髒的人！」

「你看到的世界還很小，好嗎？」張容的媽媽很不喜歡這個讓她難堪的題目。

「你可以洗車，也可以投廢票，但是不能阻礙民主。」我說。
「讓我們趕快來選全世界車子最髒的人吧！」妹妹很高興又有一個舉手的剎那即將到來，彼時她和所有其他的人都一樣大了。

假

張宜在車後座上常常自己找樂子，她最近發明的一個樂子是打假電話。

「喂？是詐騙集團嗎？哎呀真不好意思，我也是詐騙集團呀！你們最近詐騙了什麼呀？哎呀，我也是耶。要不要加入我的詐騙集團呀？哈哈，你休想！噗——」「噗」是一個帶有嘲謔意味的鬼臉。

她哥哥看來對於詐騙集團的理解要稍稍世故一些：「我認為詐騙集團不會加入她，因為她的聲音太幼稚了。如果是我接到詐騙集團的電話，我就馬上把電話掛掉。如果不希望他們再打來，也可以把電話插頭拔掉……」

「你怎麼分辨那是不是詐騙集團呢？」我說。

「詐騙集團都很老套嘛，你不知道嗎？他們總是跟你說已經綁架了你的小孩，要你給他們錢，你一聽就知道了。如果是我接到電話，他們還說綁架了我，那不是很好笑嗎？」張容十分有把握：他絕對不是會輕易上當的那種人；他認為他很能分辨真假。

這番見解給了我一個解釋中國字——「假」——的機會。

如果我們要追究這個字最初的意義，恐怕免不了要引起爭論。在《詩經．商頌．玄鳥》裡的「假」，今音唸作「格」，是至、到的意思。而在《詩經．周頌．雝》裡的「假」則是讚美之詞，跟「嘉」這個字相通。從這裡岔出去說：「字義相通」謂之「通假」，此處的「假」便屬於另一個意義群組了：借給（或者借來）、授予、讓予、依靠、寬容，都可以用「假」表示。

所以起碼可以確認一點：作為真假之「假」的意義，應該是比較晚才出現的。當所有權暫時、或者經由讓渡而轉移，新的擁有者的支配權力——假借而來的權力——似乎並不能完全成立。關於這一點，甚至可以從孩子們的遊戲之中觀察得知：每當孩子甲將某一玩具借給、或讓給孩子乙使用的時候，總會忽然念茲在茲起來，隨時想要試探孩子乙會不會如期、或者完全歸返那玩具；經常由於甲對乙的不放心而對那玩具產生了超乎尋常的喜愛與憐惜，從而發生爭執、搶奪、推翻約定的衝突。

換言之，「假」——一個來自「不完全所有權」的字，居然衍生出另一個層次的問題：當擁有者面對擁有權的淵源、來歷之際，其「擁有」是如此地不真實、如此地虛妄，成為一種不應該存在的存在。

孩子們問起「放假」的「假」這個字為什麼跟「真假」的「假」一樣的時候，告訴他們：「這是個破音字」，並不能算是給了答案。至少我們可以提出一個具有歷史性的解釋：今天我們說的「請假」、「放假」、「事假」、「病假」——也就是暫時離開學業或職務這件事，居然也有將近兩千年的歷史，這意味著從大約三國時代起，中國人就已經認定，具有社會身分的個人一旦暫時離開其職務，消解其社會身分，都已經是近乎「不真實的存在」了。

「所以在你們小學生的生活裡，暑假是不太真實的。」我不免有點兒幸災樂禍地對張容說：「你們的老師才會用那麼多暑假作業來提醒你們：真實的生活是一直不停地學習，一直不停地學習，一直一直……唉！你們小學生真是滿慘的。」

張宜還沒有進小學，她直勾勾地看著哥哥，顯然也很幸災樂禍地笑著說：「所以我說吧——什麼東西都是假的比較好玩！」

水

孩子們說話常給人一種兩極的錯覺。無動於衷者往往不求甚解，率爾放過，以為孩子不過就是成天練著說些廢話的小動物；大驚小怪者則鋪張揚厲，驚為天人，總要夸言孩子純淨的心靈飽含豐富智慧、超越成人。

我觀察了幾年，發現孩子的廢話總是插入哲學思考的鑰匙，任它插在那兒鏽死，它也不過裝飾了一個「通往智慧的甬道曾經存在過」的假象而已。

張容對我說：「我發現一件事：我們吃的每一口東西都是唯一的一口，因為下一口跟這一口就是不一樣的，一定不一樣，每一口都不一樣。」

妹妹不能讓哥哥專有任何一個發現，立刻搶著說：「另外一口就是另外一口，這個我知道，吃飯就是從一口吃到另外一口，再吃到另外一口。」

我忽然覺得這不是廢話。

我說：「這是一個很好的比喻——沒有兩口飯是一樣的，就像沒有兩顆石子兒是一樣的、沒有兩朵花兒是一樣的、沒有兩個人是一樣的。」我跟孩子們打了一個比喻：「站在一條流動的溪水裡，溪水從你腳下流過，隨時都有水經過你的身邊，可是卻從來沒有任何兩滴水是一樣的。」我沒提萊布尼茲，或者他那句名言：「沒有兩滴水是一樣的」，我說的是孔夫子。

《論語．子罕》中一條著名的警語：「子在川上曰：『逝者如斯夫，不舍晝夜。』」章句家們無不以為這是孔夫子感嘆「歲月不居，往而不復」。但是，如果從本篇整體內容上看——〈子罕〉恰恰是一個大致圍繞著孔夫子個人打轉的篇章，包括他的人格、個性、抱負、成就、自許和感慨——較諸他篇，〈子罕〉也出現了更多的「我」、「吾」。「逝者如斯夫，不舍晝夜」當然有感嘆時光一去不復回的意思，但是更多的恐怕是一切消逝之物。這個感嘆，不徒然是個人年華老去、壯心未酬等等，還是孔夫子個人生命情調的體現：無所依，無所住，無所固，無所求。

這是我稱之為「子罕精神」的一個面向：「大哉孔子，博學而無所成名」如此，「毋意、毋必、毋固、毋我」也是如此，「吾少也賤，故多能鄙事。君子多乎哉，不多也！」

乃至「吾有知乎哉？無知也。有鄙夫問於我，空空如也。」無非如此——這樣的一個從「子罕言利，與命與仁（孔子很少談利，只鑽研天命或仁的問題）」開其端、揭示其面目的篇章，又是如此直接地指向老子了：「上善若水」。

上善，一個至高的境界。澄澈、不拘、周流不住、容有巨力、清滌一切，以及，從最細小的個別分子上說，上善的品質之一——我們終於回到萊布尼茲了：「沒有兩滴水是一樣的！」

最後，我把「不同的兩滴水」倒進了「逝者如斯夫，不舍晝夜」，也不知道誰溶解了誰。「『消逝』這件事，讓我們體會事物本質的不同，就像水一樣。」說到這裡，我發現愛憂慮的張容眉頭皺了起來，他一定在擔心著「逝去的水」這句話。我趕緊跟他說：「地球上的水的總量從來沒有更多，也沒有更少過，永遠就是那麼多。乾淨的水，被我們喝過、用過，流到溝裡、河裡、海裡，蒸發成雲，下成雨，又讓我們喝了。一滴水，被孔夫子喝過、尿出來；拿破崙又喝了、又尿出來；爺爺也喝了、也尿出來了——」

張容很擔心地問我：「那爺爺的尿我喝過嗎？」

妹妹卻高興地問：「那我的尿哥哥喝過嗎？」

有難題的字

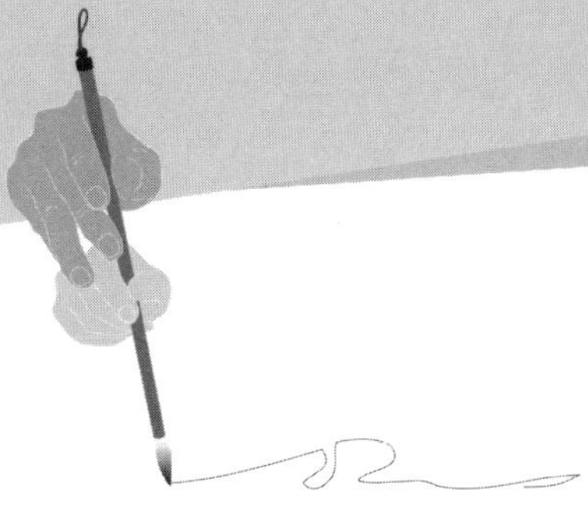

以和已

對孩子來說，難的字，不一定是難寫的字。

張宜剛上小學、開始用字典的時候，意外地發現「匚」（音『方』）和「匸」（音『夕』或『喜』）是兩個不同的部首，前者左上、左下兩處皆是方角，收筆為一橫劃；後者左下是一圓角，收筆末端須向下略作彎曲。這兩個字在一般的電腦打字軟體裡是沒有差別的，在小學生用的字典中也必須依賴放大鏡才能辨識。我花了很大的力氣才一一辨明這兩個部首轄下之字有什麼區別，但是轉眼還是忘了。

至於張容，說他永遠弄不清的就是「以」和「已」。「以為」、「已經」總是會寫錯。我只好把甲骨文、小篆拿出來比對，讓他認識「以」原先代表「始」、代表「原因」；而「已」則意味著「止」、意味著「完畢」。這兩個字在初文階段的字形就像兩隻蝌蚪一般，只不過是「頭下尾上」與「頭上尾下」的區別。他看了之後顯得非常驚訝，將字紙顛來倒去，說：「怪不得我分不清楚。」
「這樣比對解釋過以後，會比較清楚了嗎？」
「當然不會清楚的啦，這就是要讓你分不清楚的字嘛！」
我逐漸體會出一個道理：無論是大人，或者孩子，但凡學字、用字，都是透過一層表象的符號，去重新認識和迷惑著數千年（甚至更久）以來不同的人對於符號的專斷定義。「以」、「已」二字之經始而終，終而復始，有始有終，無終無始，引得我呆想良久，其中一定還有連綿不盡的奧秘……

玉

「玉」字原本有一點，可是一旦成了部首之後，那一點為什麼不見了？

原本是個非常簡單的問題，張容在課堂上問他的老師。老師知道我平時總喜歡把弄著一些文字探勘揣摩，於是故意不直接答他，讓他回家「問爸爸」，並且得在第二天的課堂上向全班同學提出口頭報告。以下所寫的四段文字，就是我的作業。

甲骨文「玉」字像個上出頭、下出尾的「王」，與今天我們寫的「丰」字差似，唯第一橫劃比較平齊。到了金文和小篆，「玉」字上下不出頭了，還是寫成「王」，像是筆劃均勻齊整的幾何圖形。文字學家告訴我們：這是因為古人佩玉，大多不只佩一塊，這樣寫，正是佩掛了一串玉石的側視圖，造字的原則是象形。

至於「王」字，原先在甲骨文中，明明是一個人站立在一橫劃上，強調他的地位。

直到金文出現，我們才發現這高高在上的人也被簡化成三橫一豎了。

三條橫劃還有旁的意思：從老古人的宇宙觀來看，這三劃象徵的是「天地人」。用一根豎劃「｜」通達天地人三者，謂之「上下通」，以成就「王」的職掌和威權。這麼一來，原本字形中不加點的「玉」字和「以｜貫三」的「王」字就沒有區別了。有的文字學家提醒我們，在部分金文和石鼓文裡，王字的三劃並不是均勻排列的，中間的一橫比較貼近頂上的一橫，這象徵作為王的人要「法天」——向天提升，向天學習。這樣不就把兩個字的字形區別開來了嗎？

可惜的是，用字的人不會像解字的人一樣想那麼多，用字的人所要解決的問題是以最簡單的手法區別兩個或多個形體過於接近的字。於是，「玉」字旁邊加上了點。舉例來說，在古陶器文字裡，我們會看見左右各加寫一撇的「玉」，有的加在下方的兩橫之間，也有的加在上方的兩橫之間。到了漢代的隸書以後，這個點時而只加在右上角或者右下角，便成為後來我們常見的「玉」字了。

我寫到這裡，把上面這四段文字向張容解釋了一遍。他不怎麼耐煩地反問道：「可是我的問題只是，為什麼『玉』做了部首以後，那一點就不見了？」

「你看，當了部首以後，『水』字成了三點水，少了一筆；『心』字成了豎心旁，也少了一筆；『辵』字成了走之，少了四筆；左『阜』右『邑』簡化成耳朵邊，各少了四、五筆；這是字形簡化的結果。」

「你是說我們寫的字是簡體字嗎？」

就在這一剎那，我吞回了原先想說的話——「我們寫的是正體字，不是簡體字。」並且仔細想了半天。

張容的問題裡，有他自己意想不到的深度。我重複了一遍那問題之後，給了一個連我自己都有點兒意外的答案：「『我們寫的字是簡體字嗎？』——是的，我們寫的正體字裡有很多已經是簡體了。」

打從方塊字創製以來的幾千年間，文字的簡化從來沒有停止過。我們寫的字總在書寫工具的革新與書寫方法的刺激之下，微妙地、緩慢地改變所謂的「正體」。無論是為了避諱、便利、區別，或者強調其意義或聲音的屬性，甚至往往只是因為錯訛，文字時而繁化、時而簡化，每每有社會性的「群擇」——這是文字的演化學。

「那我應該怎麼報告呢？」張容皺眉頭，依舊十分苦惱。

「說簡單一點吧！」我說：「就說玉的那一點不見了，是文字簡化的軌跡好了。」

「什麼軌跡？」他的眉頭皺得更深了。

考

張容念了一年小學，終於能給考試下一個定義了，他說：「考試就是把所有的功課在一張紙上做完，而且不能看書、也不要看別人。」接著他神秘兮兮地告訴我：「有幾個小朋友看別人的考卷被老師抓到，分數一下子就變成零鴨蛋。」所以，「考試」這件事最重要的內容就是「除了題目，任何東西都不能看地做功課」。

作為一個多義之字，「考」的意義發展應該有先後之別。最初，這個字不過就是一個拄著拐棍兒的、披頭散髮的老人家的象形，《詩經．大雅．棫樸》裡的「周王壽考」是也。到了《禮記》裡，對於死去的父親稱「考」；在《書經》之中，以成就、成全、完成為「考」；大概也就是「完成」這個意義，徵之於普遍人事經驗，任何事物完成了，總得驗看驗看、省察省察。從這一義，大約才能轉出刑訊鞫問的「考」，以及審核成績的「考」。

然而，字義的開展無疑也正是這個字某一部分本質的發揚。在我們的文化裡，一個活到很老很老的人，似乎總比那些年輕的更有資格考較他人。唯大老能出題，其小子目不斜視也。

我自己深受考試文化的荼毒，一言難盡，要之就得從上小學的時候說起。大約是我十歲左右那年，聽說以後要實施九年國民教育了，要廢止惡補了，報紙上連篇累牘頌揚其事，真有如日後秦公孝儀在蔣老先生去世之後所頌者：「以九年國民教育，俾我民智益蒸。」

可是當時我父親眼夠冷，他說：「天下沒那麼好的事。此處不考爺，自有考爺處，處處考不取，爺爺家中住。」這幾句從平劇戲文裡改來的詞兒畢現了我們家默觀世事的態度，和「肚子疼要拉屎」、「一天吃一顆多種維他命」，以及「絕對不許騎機車」並列為我們張家的四大家訓。

「此處不考爺，自有考爺處，處處考不取，爺爺家中住」一方面也具體顯示了我們從不相信公共事務會有一蹴可及於善的運氣。以事後之明按之，多少改革教育的方案、計畫、政策相繼出爐，多元入學、一綱多本、資優培育，到頭來「此處不考爺，自有考爺處」仍然是唯一的真理。

我已經是坐四望五之人，沒有什麼生活壓力，也沒有非應付不可的工作，一向就不必寫任何一篇我不想寫的文章，可是到目前為止，我平均一年要作十次以上有關考試的噩夢。有的時候是記錯考試日期，有的時候是走錯考場，有的時候是背錯考題，有的時候是作弊被抓。內容五花八門，不一而足。大部分的時候，我會在夢中安慰自己：「不要緊的，你早就畢業了！」、「你早就不需要學位了！」、「那個老師已經死了好幾年了！」

每當從這樣的噩夢醒來，我就覺得我的性格裡一定有某一個部分是扭曲的。最明顯的一點是：我厭惡種種自恃知識程度「高人一等」的語言。包括當我的電台同事對著麥克風說：「一般人可能不瞭解……」這樣普通的話時，我都忍不住惡罵一聲：「×你×個×！你不是『一般人』嗎？」

我上初中的時候，每週一、三、五表定名目是定期考試，週二週四叫抽考，週六的名目當然就是週考，再加上無日無之的隨堂測驗，一年不下三百場，三年不只一千場，這樣操練下來的結論是什麼？我的結論只有一個：當我兩鬢斑白之際，看見揉著惺忪睡眼、準備起床上學去的張容，便緊張兮兮、小心翼翼地問他：「你還沒有夢見考試吧？」

剩

一定有什麼哲學上的解釋能夠說明，中國老古人把「多餘的」和「僅有的」兩個全然不同、甚至有些相對的意義概念卻用了同一個字來表達。我問張容：「我的袋子裡剩下一個包子，是表示我不要再吃這個包子了，還是我只有一個包子可以吃？」

張宜趁張容還沒答話的時候搶著說：「我要吃。」

張容想了想，說：「是你不要吃了——咦？不對，是你只有一個可以吃了——也不對，是你……」他迷惑了，忽然笑起來。不能解答的問題總令他覺得可笑。他暫且不回答，越想越迷糊，越笑越開心。

張宜接著問：「包子在哪裡？」

那一天我始終沒能回答這個我自己提出的問題。字典、辭書除了羅列出字的用法、慣例、一般性的解釋之外，當然不可能告訴我們：同一個字為什麼兼備相反之義？

從字形上看，「剩」字還可以寫作「賸」，《說文》歸入「貝」部，以為是「物相增加」的意思。清代的段玉裁在注解這個字的時候也提出：「今義訓為賸疣，與古義小異，而實古義之引申也。」從增加變成贅疣，的確可以算是一種引申。

另外一個說法就更迂曲了，秦始皇二十六年定「朕」這個字為「天子自稱」，說是天子富甲四海，財貨充足，所以「賸」字是以「朕」作為聲符的。可是，在秦以前，朕這個字沒有什麼尊卑之分，舜、禹如此自稱，屈原也如此自稱，它就是「我」的意思。朕的原意是指細小的縫隙，引申為事物之徵兆，應該是基於同音字相假借才使「朕」成為「我」的代稱。

然而，回頭看「剩」這個字，除了「多餘」的意思之外，它還有「閹割」的後起之義。北魏時代的賈思勰寫《齊民要術．養羊》就有這麼一段話：「擬供廚者，宜剩之。」這裡的「剩」，是個殘忍的動詞。賈思勰甚至還說明了「剩法」，肉用的小羊初生十多天的時候，以布裹齒（象牙或其他堅硬的梳狀工具）犁碎小羊的睪丸。這個字有「騬」這個異形，可見騸馬也可用此字。

如果說也是因為同音相假借而使得「閹割」之義利用了這個字形，那麼，從「剩法」

來解釋「剩」字是很清楚的——形符是把刀，聲符「乘」也表達了一定的意義——《國語・晉語九》：「駕而乘材，兩鞁（音『貝』，馬具）皆絕。」這裡的「乘」就是「碾壓」的意思。

肉用羊欲其生得肥大，割掉的東西是用不著，甚至妨礙所需的。可是，我原先的問題還在：「多餘的」、「不要的」、「需割除的」為什麼也是「僅有的」？

彩袖殷勤捧玉鍾，當年拚卻醉顏紅。舞低楊柳樓心月，歌盡桃花扇底風。□□從別後，憶相逢，幾回魂夢與君同？今宵剩把銀釭照，猶恐相逢是夢中。

這是宋代詞人晏幾道的一闋〈鷓鴣天〉，說的是久別重逢之情，「今宵剩把銀釭照」，這裡的「剩」，是「更」的意思，既有「非份」之義，又有「僅得」之義。顯然，相互對反、相互排斥的意思在詩人懊惱又欣喜的情味中得到統一，我們模模糊糊地感受到這一次見面是不意而得之，多餘的，恐怕也是僅有的。

我不覺唸出聲來：「今宵剩把銀釭照，猶恐相逢是夢中。」

張容說：「他又在仄仄平平仄仄平了。」

張宜說：「他根本沒有包子！」

藝

車行經過以前我們稱之為「中華路南站」一帶，我總會多看那棟矮樓一眼，它跟我是同一年來到這世上的，後來叫「國軍文藝活動中心」，就佇立在中華路邊。此處曾經熱鬧過，夜夜有聚散喧囂的人潮，一度也跟著西門町商區的沒落而冷清。商區看似在人稱「西門圓環」的區域復活了，這兒卻寥落依舊。三十年來，我甚至連一次也不曾聽人提過它的舊名：「國光戲院」。

「國光」原本就是個戲台，偶爾舉行晚會、放電影，絕大部分的時候提供三軍劇校、劇隊演出和競賽，我打從四、五歲上就在這裡看大戲，生旦淨末醜、神仙老虎狗，最初的驚聲嘆豔，都在這兒。

五〇年代往矣，我上小學三年級的時候，國防部直接管控戲院，並擴大硬體設施，在這棟樓上增設了咖啡廳和畫廊，也開啟了以軍隊思想教育為主導的文藝時代。父親當時在國防部任職，說起了一個故事：既然建物外觀煥然一新，又有了不一樣的名稱，面朝中華路幹道的大門上，得有幾個能夠撐得起門面的鋼架金字招牌，這該用誰的字呢？

蔣公？蔣公喜歡到處題字，隔壁中山堂裡還掛著他的金漆「親愛精誠」呢，總不成到處都是他老人家的字。于右任呢？前一年入冬剛過世。還有誰有這個份量呢？司官們想破頭，終於有人給出了個主意：集孫中山先生的字。

「可是集來集去，八個挺尋常的字裡，就有一個遍找不著。」父親當時這麼告訴我，多年以後我也拿同樣的話問孩子：「猜猜，是哪一個字找不著？」

父親帶些頑皮興味地笑著提示我：「孫先生是偉大呀！可是從這個字的不好找，看得出賢者不必百事皆能。」

多年前我沒答出來，多年後是我孩子的媽答出來了：「藝。」

是的，藝。據我父親說，執事者上窮碧落下黃泉地找，發現創建了我們這個國家的孫中山先生留下來的墨跡之中，只有一個「藝」字。

藝，甲骨文之形，是一個人作跪姿，手持樹苗，正要栽植入土。這個在意義上包含了技術、成長、知識性和儀式性的字後來廣泛地指稱書籍（六經也稱「六藝」），更用來作為士人以上階級的共同教養——禮、樂、射、御、書、術為之「六藝」，還可以用來表達「法制」、「條理」和「極致」的意思；科舉極盛的幾百年裡，八股文叫「制藝」，那是官定的邏輯與美學範式。過去百餘年間，這個字代表了文化專業的標準和高度。

手創一國的偉人畢生只留下了一個「藝」字，好像總讓人覺得有些微涼的、幽峭的、說不出的遺憾。

張容卻忽然高聲說：「不可能！」

「什麼不可能？」

「不可能只寫過一次！」他皺著眉，噘著嘴，搖著頭，像是在思索某個如同手創國家一般嚴肅的問題。

「為什麼？」

「只寫一次怎麼可能寫得會？他上小學的時候一定要寫很多次的。」

孩子說的對，有些字我們曾經認真地寫過很多次，只是後來不了。

遺

小學都念了快滿一年，還搞不懂「遺傳」這個詞該如何使用，這——不能怪教育部，不能怪學校，不能怪老師，也不能怪我自己或者媽媽，因為現在她這年紀搞不懂這個詞兒應該是一點都不重要的。

上面這一段話是我十分鐘之前面對張宜的時候心裡的獨白。這樣的獨白經常發生，只要把「一」字換成「三」字，「遺傳」換成任何一個其他的語詞，立刻可以應用在張容的身上。這段話，就像一段熟悉的旋律，隨時會浮現在我的腦海裡。每當我再三勸服自己：不必對孩子們用語謬誤太過焦慮的同時，也會想到自己年幼時的情景——印象中似乎是這樣，我所使用的每一個語彙都曾經被父親指正過吧？我的父親、乃至於父親的父親，在他們成長的過程之中，應該也接受過更頻繁、更嚴厲的糾正吧？

我的做法是寧取其拙——重新把孩子從作業堆中或是玩具堆中喚過來，換個方式、換個故事，再說一遍：「跟你們說，孩子啊，『遺』這個字，我最近寫詩還用到呢，它還有『大便』的意思……」

聽到「大便」，張宜眼睛一亮，連哥哥都湊過來了。

先說個官名，在武則天時代，首度設立了「左右拾遺」這種官位，「拾遺」沒有一定的職掌，主要的工作是隨侍於帝王身邊，提供諷諫，好像撿拾帝王丟掉了的東西一樣，校正著他們的過失。《太平廣記．卷二百五十八．嗤鄙》上有一則引自張鷟《朝野僉載》的故事，說的是右拾遺李良弼的故事。

李良弼這個人自覺口才便給，言辯深玄，自請出使北番。但是匈奴人不吃他那一套，給他個盛了糞的木盤，加之以白刃，威迫他吃。李良弼害怕了，一盤糞吃得乾乾淨淨，才給放回來。原本就看不起他的人便譏笑他：「李拾遺能食突厥之遺。」此人氣節不好，遭遇契丹賊孫萬榮，居然用說文解字的方式勸當時的鹿城縣令李懷璧說：「這個賊姓孫，就是『胡孫』，也就是獼猴，很難纏的。他名字裡又有個『萬』，萬字有草，那就是在草裡躲藏的意思。野草藏獼猴，哪裡打得下來？咱們還是投降了吧。」也因為這一降，日後父子三人連同李懷璧一起落了個殺身之禍。

兄妹倆對於氣節如何是沒有一絲興趣的，他們露出嫌惡的表情，異口同聲地問：「他一整盤都吃了嗎？」

「都吃了，吃光了。」我畫了個鐘鼎文上的「遺」——一雙位在上方的手，交出一個象徵財貨的「貝」（也就是今天我們所寫的「貴」字），但是這個字旁邊還有個「辵」的偏旁，一般解為「亡去」，東西掉了，因贈送他人而失去了，皆出此義——「所以這個遺字，既有餽贈、給予，也有遺失的意思。」

「那真的會很臭！」哥哥捏著鼻子說。

妹妹也捏著鼻子：「一整盤！哇！」

「至於『遺傳』這個詞——」我努力找回原先的話題：「一定是由我和媽媽遺傳給你，你是不可能遺傳什麼給我的（我做了一個「給予」的動作），知道嗎？」

「我也可以把腺病毒、輪狀病毒還有感冒病毒都遺傳給你，」張宜看似從鼻子前方抓了一把空氣，扔過來說：「還有臭味，也遺傳給你！」

我只能假想，她大概懂了這字的意思了。

矩

我常在看孩子們玩耍的時候生出懷疑，人總是在與規矩的搏鬥中發現遊戲的真趣。孩子越來越熟練地玩著，忽然間創造了一個原本不存在的規矩，世界從此豁然開朗。

文字的進展亦復如此，原本造字的規矩粗備，但是表義達情仍不敷應用，忽然有人（我相信絕對不只一個人）發現了巧取豪奪之法——為什麼不搶來一個原本就有的字符，去表達一個嶄新且難以具體表述的意思呢？

在大學時代令我最感困惑的課業是文字學，最感困惑之處則是如何判斷一個字究竟屬於「六書」之中的哪一「類」。有些字，望之若「象形」，解之成「指事」；有些字，明明是字中諸形符「會意」而成，但是偏偏其中有一部分也接近了本字的讀音，那就得歸為「形聲」了；還有些字，看似有著明確的形符和音符，可是從文字發展的歷程上看，我總不能斷言，此字究竟是先有了它的形符，再加上一個注音符號；抑或是先有了一個表音的記號，再補充以形符，作為意義的補充說明呢？

有些文字學家告訴我們，佔中國文字裡大多數的形聲字聲符是不具備意義的，它就是這個字「字中的注音」，然而也有像魯實先這樣的學者強調：「形聲字必兼會意」。於是接下來我們更有了調和之論：「形聲字多兼會意」。

如規矩的「矩」字，在現有的甲骨文、金文資料之中，都找不到這個字。到了小篆通行的時代，此字已經寫作一個「矢」字偏旁，加上一個看似作為聲符的「巨」字。明明是聲符，何以說「看似」呢？這道理很簡單：「巨」也有可能根本就是「矩」的本字，所表達的就是「工匠所使用的、帶有直角的曲尺」。這樣就不能把「巨」單單當作是一個「聲音的符號」了。

「巨」，甲骨文寫成兩個作十字交叉的「工」，像十字尺之形，金文則是一個人手持一形體略長的「工」字，在中間那一豎的右側，有一個像是把手一般的半規，顯然是指工師用尺作丈量狀。許慎《說文》就以這個「巨」字為規矩的「矩」字的「初文」，「初文」一旦被「有義無文」的字假借而去，只好再累增字符以表達原本的意思。也由於先民原本沒有表達抽象意義如巨大之「巨」的字符，索性就借奪了具備這個字音的「巨」字，而使原先表達工師用尺的「巨」不得不增添一個「矢」的偏旁。但是，當這個「矩」字又因使用時多用以表達「規則」、「範式」、「既有而不可更改的準據」，作為「工師用尺」的本字只好再增加一個木字形符，成了「榘」。一個規規矩矩的字，只因好寫、好用，被別的字借東借西，加以本身不得不改頭換面，成就了許多新的字。

張容和張宜下跳棋、下象棋乃至於下圍棋，都已經下了好幾年。有時兄妹對決，有時找我湊興，有時遇到來家作客的高人，也會請教幾盤。如此角力，卻都不如他們自己邊玩邊立新規矩的遊戲來得過癮。但是當我看他們以走象棋的方式下圍棋的時候，忍不住出聲制止：「黑白子下定了就不能動的，這樣太破壞規矩了。」

「有嗎？」張容說：「我們只是借用一下象棋的規矩呀！」

「對呀，反正都是規矩呀，而且這樣比較好玩！」

「這是不可以的。」

「為什麼什麼事都要按照你說的規矩？照規矩有什麼意思？照你的規矩一直玩一直玩會很無聊你知道嗎？」張宜站起來，手插著腰，連珠砲一般地說道：「為什麼我們不能用自己的規矩？如果你寫稿我們也叫你照我們的規矩，第一個字一定要寫

『我』，最後一個字一定要寫『們』，你也可以寫得出來嗎？」
我想了想，說：「最後一個字寫什麼？」
張宜更大聲地說：「『們』！」

節

母親節開始逐漸商品化的那個年代裡，每到四月下旬，電視廣告就不斷提醒為人子女者：該掏出點銀子來表達一下對媽媽的感念了。我父親總笑說：「這是『祭如不在』！」那時還不流行在父親節向仍舊健在的父親表達集體的商品禮敬之意，父親為此深覺慶幸，像是逃過了大劫。

我自己當了父親，看著母親節前孩子們應付各式各樣的應景活動，要畫卡片，要寫信，要作詩，要手製小禮物，還得準備才藝表演，好像該感謝的媽媽不只一人。我於是脫口問道：「父親節就沒這麼忙，真是奇怪呀？」

張容繼續寫著他的感謝狀，一面說：「不可能的。」

「爸爸對你們付出得不夠，是嗎？」

「不是，」張容露出那種「這麼簡單的道理你都不明白嗎？」的表情，看我一眼，說：「因為父親節一定是在暑假裡，學校管不到，懂嗎？」

是了！公共意志及其權力所不及之處，不足以言節。

「節」的物性本意不難解，是指竹子生長到一定的長度就會有「約」——纏束。而「節」這個形聲字的聲符是「即」，即，就也。這個字原本描繪的是一個人就其定位、準備吃飯的狀態。今人喜言「到位」，話說的對，謂之「說得到位」。錢入了戶頭，謂之「錢到位了」。我聽過「到位」一語應用極致的例句乃是：「某人一個離婚辦了十年，還不到位。」

《易經》上說：「君子以慎言語，節飲食。」這種人倫教訓應該是晚出且附會的意思，然而附會並非無理。把竹子的粗硬部位當作是一種禮儀傳統的約制，甚至要將這約制內化成為一種修養，或是收斂欲求的鍛鍊，這個字就摻和了「公共」所加諸「個體」的規範。

天地四時以應於農事者，便有了二十四節氣；王命授受而施之於行人者，便有了旌節、符節、虎節；連為了方便認知而不得不將客觀事物加以分類、區隔，也用上了這個字。《淮南子．說林訓》說：看見了象牙就知道象比牛大，看見了虎尾就知道虎比狸大，這是「一節見而百節知」的道理。此外，在音樂上也用這個字，所指的是樂曲或歌唱的拍子。「和樂為之節」、「制樂以節」皆屬此義。在政治架構上，節有次第、等差的意思；在律例架構上，節有法度、準則的意思。可見「節」字在中國人廣泛的引申之下，確然有一個不斷鞏固的「公定」、「公設」之意。當有人這麼說：「臨大節，不可奪也！」你就得留神了，這是明明白白地告訴你：形勢比人強，你要有在劫難逃的準備。公定、公設了某個角色能有「一節之得」，表示此人斷斷乎脫離不出社會的常軌。

「我覺得什麼節都有得說，」我一本正經地跟張容說：「就是『兒童節』一點沒道理。」

「為什麼？」他放下了功課，像是要捍衛他的權利的模樣。

「兒童對任何人沒有貢獻，總是把家裡弄得很亂，喜歡頂嘴，衛生習慣很差……」

「那也是你們大人的責任，」張容一本正經地說：「你們大人如果不交配，就不會有我們兒童了！」

震

爗爗震電，不寧不令。百川沸騰，山冢崒崩。
高岸為谷，深谷為陵。哀今之人，胡憯莫懲？

這是《詩經．小雅．節南山之什》的第三首〈十月之交〉的第三段。詩序將整首〈十月之交〉解釋成諷刺周幽王的暴政，鄭玄箋詩則以為所刺的對象是周厲王。

後來的說法更多了，有援引各種天文和地理資料證明周幽王二年和六年的時候分別發生過日蝕、地震的災變，因此而旁證了此詩所「刺」的對象應該是周幽王的寵臣「皇父」——這兩個字是一個姓，為春秋時代宋國的公族，秦時遷徙到茂陵之後改稱「皇甫」氏。而早在周幽王時代，這個高居卿士、總領六官的「皇父」很不得人心，所以兩千多年以來，拈題「詩教中尖銳的諷刺」，都會以〈十月之交〉為範本；而指稱「無能的寵臣」，亦徑以「皇父」呼之。

可是事情可以不可以倒過來看呢？皇父冤不冤呢？

〈十月之交〉敘述大致是順時性的，詩文首先指出，在周曆十月上旬的時候，發生日月蝕天象「告凶」，接著就是前文揭示的地震劇變。詩人隨即直指皇父和他的權貴「同黨」等八人的身分，以及權貴拆除牆屋，破壞田地，以及進行大規模的遷都，將國家的貴室、權臣和庫藏積蓄都遷移到「向」（今河南濟源）這個地方，建構新城市；皇父甚至連一個可信、可用的老臣都不肯留給「我王」。詩人在詩篇的最後還強調：像這樣的小人能夠得以相聚而晉用，一定會釀成災禍，我（詩人自己）可不能像其他人那樣漠不關心。

看來這首詩的作者是一個孤忠耿耿的小臣，由於天象地變，興起了對於掌權大臣無限的怨望。可是，這位詩人有一件事說不通：既然詩中明確言及「豔妻煽方處」，所指當然是指周幽王寵幸褒姒，其勢熾盛，不可動搖，則罪魁可知；但是為什麼詩人勇於譴責皇父，卻無一語及於「我王」的罪惡呢？歷來說詩經的「刺」，都指稱其溫柔敦厚，我看這是醬缸裡的薰染，一貫模糊了真正該被指控的焦點。

然而，皇父或許只是個替罪的大臣而已。

事實很可能要從另一面看：皇父——一個強勢作為的幕僚長——在天象「示警」之後，歷經三川地震的實質災變，目睹土地崩壞、田園殘破，便和周的宗室、貴族以及大臣們商議，做成了並不符合小老百姓當下利益的決定：位於受災地區的岐原破毀不堪，我們應該立即東遷到「向」（即詩中所謂「作都于向」），重建家園，並另築都城。這是去不復顧的一次大移動！皇父真正體會了這個動態。

大規模往東遷徙，在稍晚的周平王時代是一樁無可非議之事，但是在皇父，卻彷彿是一樁天大的罪行了。皇父只不過比較早一點揭發了當時大部分安土重遷的人們所不願面對的 inconvenient truth——有一塊生我育我養我飼我的土地已經毀了我。

震，以易卦言之，是一個震上震下、萬物發動之象。台灣的九二一集集大震以至四川的五一二汶川大震都帶來了巨大的災難和傷慟。餘震未息之際，能發動的好像還有更多，全世界最大規模的哀悼與救援捐助也動起來了。我在目睹死傷者痛苦時掉下的眼淚，也常常是因為不慣體察而忽然湧現的陌生人的慈悲，而眾人的慈悲一旦發動，其勢沛然莫之能禦。

亂

頂上一隻象形的手，底下一隻象形的手，中間有個「8」字，是「絲」的意思，這個「8」又顯然是放在一個工作用的架子（橫寫的「工」）上，這是可以列入〈百工圖〉的一幅寫實之作。這個字和「䜌」相通——「䜌」字的古文則是上面一根橫槓，中間三把絲，作「888」並列，底下正是一隻理絲的手（而不是後來訛寫的「木」）。

在鐘鼎文裡面，已經有寫法不盡相同的、表述兩手理絲的字，它就是後來的到隸書之後才約略定形的「亂」字。但是金文字形並不統一，它還有一個異體，可以作為隸書「亂」字的直系祖親，那就是在上下兩隻理絲的手的右邊，又加一個形符，在石鼓文（詛楚文）中寫來就像隸書、楷書裡亂字的右偏旁——一般我們把這個有點像「L」的形符當作「乙」。今天在一般繁體字字典裡，「亂」字就歸屬於「乙」部。我們應該覺得好奇：為什麼在兩隻手（象徵在機械工具的兩頭面對面的兩個人）合作理絲反而有亂的意思？右邊這個「乙」發揮了什麼作用？學者一般解釋這個「乙」是「亂絲」，我跟孩子們解釋起這個字來則另有本事。

這一天早飯吃得從容，我隨口問張容：「你覺得哪個字最難寫？」

「『亂』。」張容伸個懶腰說：「不是因為筆劃多喔，『亂』的筆劃並不多，而是筆劃亂，不整齊也不均勻，每一筆都歪歪扭扭的。怪不得叫它『亂』。」

我把這個字的金、石、小篆文分別畫給孩子們看，上下各有一手，中間的「8」和橫置的「工」既整齊又均勻，一點兒也不亂。這時我問他們：「如果沒有多出右邊這個『乚』，你會覺得它『亂』嗎？」

「還滿好看的。」張容說。

「右邊這個『乚』，有人說這一劃是表示亂絲，我卻不以為如此——」我神秘兮兮地說：「這個『乚』應該是一個人，忽然從旁邊衝出來，眼看就要打翻架子，把剛才這兩個人整理好的絲完全破壞了。」

《說文》乙部的「亂」字小篆恰然如此——這個後來從右邊出現的人（不知道是不是故意的）衝撞過來的勢頭不小，身體傾側；也正因為這一筆的加入，原先穩定平衡的字顯得歪斜了，甚至顯得有些扭曲了。

作亂、變亂、禍亂、離亂、戰亂……都從這個意義上釋出，不難理解。但是，亂字也有「治」義——又是那個「相反為訓」的作用——最早也最著名的例子就是《書經．泰誓》所謂：「予（這是周武王的自稱）有亂臣十人。」這裡的「亂臣」，所指的正是周公旦、召公奭、太公望、散宜生……等「能臣」的意思。

在「亂」字的諸般解釋裡，最「亂」的一個要屬「樂曲的終章」謂之「亂」。在古代的賦體之中，每於篇末都有總承全文要旨的一段文字，節奏比之前各個段落都要快，所謂「繁音促節」，似乎是一種總覽式的回顧。這異樣的快節奏，彷彿忽然衝撞過來的人即將打亂一盤理好的絲——也正是這種與前文的音樂性大異其趣的「亂」，讓人倏忽一驚！啊——

回頭一看，原來人生匆促！

跟孩子說這個道理，他們當然不懂，我吼叫的是：「回頭一看——啊！房間太亂！」

疵

孩子們開始大量學成語、用成語的日子已經神不知鬼不覺地降臨。有些時候，你會感覺這是一種柔性的語言暴力過程。張宜升上二年級的第二天，一放學就跟她媽說：「今天我碰到一個自以為是的女生。」

「那你運氣算不壞的了，」我開玩笑地說：「我今天老是幹一些自以為錯的事。」

「你不要這麼自以為是好嗎？」

將近四十四年以前，我也是這樣的。為了練習「墨守成規」這個成語，我明知故問：「吃餃子都要蘸點兒醋嗎？」父親一面把蘸了醋的餃子送進嘴裡，一面點著頭：「蘸了醋味道好啊！」

「這不是很『墨守成規』嗎？」我說。

我父親看一眼小碟兒裡的醋，再看一眼我，說：「你當然可以不必墨守成規。」

說著，便撤去了我面前的餃子。

到了這個階段，孩子們對於學習單一的字的興趣反而不如先前強烈，他們喜歡把初學乍練的「四字真言」成套成套地抛出來砸人，大部分的時候不論其正確與否。比方說，當張容不想去某處用餐之際，會高聲強調：「我可不想去那裡大飽口福！」當哥哥想要解釋某個紙牌遊戲規則的時候，張宜也會說：「你不要老是吹毛求疵好不好？」一旦亂用，還得重複好幾遍：「你這樣吹毛求疵，人家還怎麼跟你玩下去呢？你這個亂七八糟的吹毛求疵！」

「『疵』是什麼意思？」像是忽然逮著了難能可貴的機會，我趕緊問。

哥哥顯然看穿我搞「機會教育」的陰謀，說：「玩撲克的時候不要講東講西的啦，這樣很不容易專心。」

我只好鎖定目標，指著張宜手臂上的黑痣說：「這就是『疵』，皮膚上的黑病。」

「那是痣，不是病。」張宜盯著我的臉巡了兩圈，說：「你明明知道那是痣呀，你滿臉都是呀。」

張容一面洗著牌，一面不大耐煩地說：「那是老人斑好嗎？他現在臉上長的都是老人斑了你不知道嗎？」

老人斑一定程度上象徵著狡猾吧？我做出「既然事有蹊蹺，何不一探究竟」的表情：「太奇怪了！為什麼『疵』這個字裡面，竟然會有一個『彼此』的『此』字呢？為什麼皮膚上的小黑點兒，要用『此』字來表現呢？」我一面說著，一面指著自己臉上打從離了娘胎起就冒出來的老人斑。

張宜似乎給激起了一點興趣，低頭看看自己的手臂，摸摸臉上長了小黑痣的地方。

「就是因為皮膚上的小黑點兒太小，不容易找到，所以一定要指出它所在的位置，這就是『此』——『在這裡』的意思；『吹毛求疵』也是這麼來的，長在頭髮裡的小黑點兒本來不容易被人發現，可是你一定要挑刺兒、找麻煩，吹開了頭髮也要找著，這就是『吹毛求疵』的來歷了。」

張容終於忍不住，皺著眉，扭曲著臉，抗議起來：「我們現在能玩的時間已經很少了，很不夠了，還要講這麼多，你實在很『吹毛求疵』你不知道嗎？」

「他的『吹毛求疵』很大顆，是老人斑，不用吹頭髮就看得見。」張宜很有自信地跟哥哥說。

反

張容和他班上的同學組成的紙上國家發生了動亂。陳弈安基於抗稅的理由宣布脫離母國，另外手繪了一幅世界地圖，並且在原先的國土之外添加了一塊同屬虛構的土地，自立為新國總統，還帶走了原先的陸軍總司令翁睿廷——條件是不必繳稅。這場動亂的結果令大家都很高興，因為原先願意納稅的國民不會處於相對不公平的社會之中，而新成立的國家也宣布：不會對母國發動任何不義的攻擊。身為母國的民選總統，張容覺得這真是得意的一天，竟然不停地哼唱著歌曲。

「你們三個不是好朋友嗎？為什麼你會覺得陳弈安和翁睿廷離開你的國家是件好事？」

「好朋友不一定要是同一國的。」張容說。

「他們這是造反呀！你不覺得應該鎮壓一下嗎？有人造反，你幹總統的不管，假如大家都造反了怎麼辦？」

「那我就更輕鬆了。」

反，在中國人安於現實的常情裡，不是什麼好字，給人的第一印象是翻轉、叛違、悖離甚至怪悖。這個指事字以右邊的「又」（即「手」）為基礎，而左邊的「厂」則表述了手的狀態，是一種「翩翻」的狀貌，也就是說，這是一隻翻覆反轉的手；翻雲覆雨手。

講究的文字學者還會糾正我們，「反」字的第一筆「一」，是橫劃，不可以寫成斜劃——參考金文、小篆可以得知，「厂」的確都寫成了九十度，規矩得像個三角板上的直角。倘或如此，那麼「翩翻」之義又是怎麼從那直角裡生出來的呢？這個疑點很明顯，歸納此字部首於「厂」部，可能只是因為字形同化而然，但是究其原委，可能還得尋繹甲骨文的痕跡。

在更早出現的甲骨文裡，「反」字左邊的兩筆呈現的是大約一百五十度的鈍角，比直角要大得多，看似是被右邊那隻手折得稍微彎曲的一根樹枝。那麼，請容我跟文字學家的慣解唱個反調：這個字原來是用手將「丨」（讀若「滾」）折回的意思。易言之，「反」的本意不是手的翩翻，而是要用手去翻轉那原本向上生長的（植物），使其「歸於本」。所以《禮記．樂記》上有這樣的話：「反情以和其志。」注曰：「反，猶本也。」這裡甚至已經直指「反」字即是「本」字。而「反」字在《左傳》、《國語》、《史記》之中也都有「還」、「回復」、「回報」的意思。試看，強加人力於向上生長之物，使之反於本，的確有違乎自然的物性，這才衍生出叛違、悖離甚至怪悖等意義來的。有趣的是，「造反」——一個看來是違逆其本國國家意志的語詞，居然是從一個回返於本的意象上演化出來的。

在總統應不應該放任人民造反這個話題結束了幾個小時之後，張容上完例行的鋼琴課，看起來的確更輕鬆了，仍舊愉快地哼唱著歌曲。

「他今天怪怪的。」張宜說。

「他的國家分裂了，可是大家反而變成更不容易吵架的朋友了。」我說：「這難道不令人高興嗎？」

「我覺得他是過度興奮。」
「別忘了，你興奮起來也是這個樣子的。」
「不不不，我跟他都相反。」張宜說：「我總是刻意保持低調的。」

張宜還不能認字的時候，看見一家子裡另外的三口人手上都捧著書本，應該是有些不安的。一旦手捧書本的人一頭栽進書裡去了，也沒有人能記得她還給閃在外邊。所以張宜自行「兌付」出一種能力——抓起一本隨便什麼書，大聲唸著自己隨口編成的故事。

在這種時候，張容總是嫌她吵，兄妹往往因此而拌起嘴來。久而久之，當張宜宣布她要「講一個故事」的時候，張容一定會捂起耳朵，嘆一口大氣，並且偷聽。以下是一個森林裡的小兔子迷了路，誤闖人類的小學的故事。

小兔子走著走著，走進人類的小學教室。在這間教室裡，正好有個小朋友生病請假，小兔子就坐在那位小朋友的位子上，跟著大家一起上課。過了不久，下課鐘響了，所有的同學都跑出去玩；小兔子卻一動也不動，因為它聽不懂人類小學的鐘聲有什麼意思。又過了不多久，上課鐘又響了，同學們都進來了，小兔子還是不明白大家這一次匆匆忙忙跑進來做什麼。可是，再上了一陣子課以後，小兔子忽然覺得尿很急，就在位子上尿了。老師連忙說：「小兔子小兔子，你怎麼在教室裡尿尿呢？剛才下課為什麼不去上廁所呀？」小兔子說：「我不知道什麼是下課呀？」老師說：「打鐘就是下課呀，你沒有聽到打鐘嗎？」小兔子說：「在森林裡的動物小學沒有打鐘這種東西呀！」老師生氣地說：「那也不可以在教室裡尿尿呀！」小兔子回答：「森林裡的小動物都是在教室裡尿尿，整個森林都是我們的教室呀！」

這是令張容第一次發出笑聲來的故事，他不但笑了，還讚賞了一句：「這個故事還滿好聽的。」

「你知道它為什麼好聽嗎？」我問。

「小兔子尿尿在教室裡很好笑。」

「不，」我說：「是『結構』使得尿尿好笑。你看，故事裡的鐘聲、進進出出的小朋友，以及森林小學所沒有的東西……這些都是故事裡不斷重複的元素，是『重複』讓故事產生了趣味——」

「構」這個字是個形聲兼會意字，聲符「冓」在甲骨文、金文和小篆裡都有，方筆圓筆不一，但是上下以及左右的結構皆顯示出一種均衡的美感。《說文》將這個初文解作「交積材」（將許多木材縱橫架合起來），原本是「積架木材」這個意義的動詞，後來在使用上演化出「房舍」的意思，而本字（冓）於是被假借義所專，只好另加形符（木），以表本義。

「冓」這個聲符還有另一個「大數」的意思。在民國二十年教育部的通令之下，此一字義被「禁止使用」——可見教育部干涉了許多不該干涉的事，而這種壞習慣顯然非自今日始；不然的話，我們今天「十百千萬億兆」之上，還有「京垓秭穰冓澗正載……」這許多「大數」之字。其中，「兆」以上的許多個字，有十進位之說，也有萬進位之說，甚至還有億進位之說。

被賦以大數之字，可見「交、積」——也就是「交織」與「增多」——是一組彼此不可須臾離的共生概念。就連另一個累增字「講」亦復如此。「講」也是一個聲符具備意義的字，最初用以表示「折衝」、「調解」、「說和」；顯然與「媾」相通。古往今來的調停、謀和，恐怕非得要再三累積不能竟其功，果然是數之不盡、艱難萬分的——要「講」到天文數字那樣多次，也未必能不打鬧——你看這對兄妹就明白了。

遵

「酉」字的甲骨文無須深識，一眼看上去就知道，是個平口細頸寬肩圓腹、還帶一個尖錐底兒的器皿，原意則是指器皿中盛裝的「酒」。大約還是基於文字的假借作用，「酉」把字形借作地支的第十位去用了，本字只得另外加上一個水字偏旁，以表示原來的意義。

無論是甲骨文、金文或小篆，在「酉」這個初文字符上方加兩撇或三撇，呈冒氣狀，便是一個「酋」字。這個字的意思就多了，有說是代表「西方」，有說是代表「魁帥」，有說是代表「過熟而有毒的酒」，也有再引申「過熟」而成其為「終」的意義——也就是最後、末了的意思，與「就」、「成就」同義。

這個酒壺之字接下來的發展就更複雜了，老古人可不管原先作為「酒器」之字的「酉」字頂上根本不曾冒氣兒，也不介意冒著氣兒的酒極可能是毒酒，後來只要是碰上與祭祀、款待賓客有關的活動器物，都把那兩撇「酒氣」給帶上，於是，底下添畫上兩隻手（爾後簡化成一隻手）的「尊」字也出現了。這個字，總意味著地位高、輩分長，表看重、推敬、崇禮、貴顯之意——據說是和先前所說的「祭祀」這個活動的概念有關：祭有酒，奉飲之時必有禮節、法度。

先前我在嶺南大學授課，暇時偕好友過青山古寺，見山門背面有一聯：「遵海而南，杯渡情依中國土；高山仰止，韓公名重異邦人」。下聯的「韓公」指的是韓愈，傳說他來過屯門，此事於史本無確證。不過，上聯的杯渡和尚卻真是將近一千六百年前南來弘法的高僧，據云此僧隨行攜一巨杯，每當遇到須要渡河的情境，便藏身於杯中，以避波濤。

這個沒有情節的「段子」很有一點兒象徵性的傳奇況味。我在高中時代初次讀到這個故事的時候，還沒有修習過聲韻學，不知道「杯」與「悲」古音根本不同部。於是我曾經毫無根據地想像：「杯」會不會是「悲」的轉喻？佛家不是常常強調「無緣大慈，同體大悲」嗎？這隨身帶著一個木製巨杯的怪異和尚，或則即是「身負大悲宏願」

者的一個譬喻？這當然是望文生義——而我自以為是了好幾年。

至於上聯的「遵海而南」一語，出自《孟子．梁惠王下》：「吾欲觀於轉附、朝儛，遵海而南，放於瑯琊。」這裡的「轉附」、「朝儛」、「瑯琊」，在今天叫「芝罘島」、「成山角」和「瑯琊山」，都是山東沿海的山名。原文裡的「吾」是齊景公，這是齊景公為了仿效古代帝王從事長途壯遊而徵詢於宰相晏子的一段話，「遵海而南」一詞就是指「沿著海岸向南方一直行去」的意思。

我把這副對聯解釋給張容聽，告訴他，遵守規矩做人行事，就不會犯錯受罰，就好比「遵海」的意思是循著海岸線一直走，自然不會掉到海裡去。

張容聽了，點點頭，說：「喔。」

「你不覺得從『酒杯』到『依循』，這中間的意思差得很遠嗎？」

他想了想，又點點頭，可是隨即又皺起了眉毛，說：「可是還不夠奇怪。」

「什麼叫『不夠奇怪』？」

「一個和尚隨身帶一個大杯子走來走去才奇怪。」

「我卻覺得杯渡和尚整個人恐怕就是這一個『遵』字的化身，」我說：「越想越有道理，這一點兒都不奇怪。」

「不是我說你，你的問題就是想太多。」

卒

象棋盤上，就屬這個子兒令張容困擾不已。第一，他唯獨不認識這個字；第二，這個字看來有點兒醜；第三，它總是站在兵的對面——尤其是中央兵對面的，一旦祭出當頭炮，總會擋一傢伙的那個——特別令他看不順眼。

我說卒就是兵，如果春秋《周禮》的記載可靠，春秋時代每三百戶人家會編成一個大約一到兩百人的武力單位，這些最基層的軍人就叫「卒」。

「卒」，除了作為一個最低級的武力單位之外，我們在形容末尾、終於、結局、停止甚至死亡的時候，也往往用這個字。就算先不去理會那些比較不常見的用法和讀音，我還是將作為「士兵」這個意義的卒字和作為「末了」、「死亡」等意義的卒字跟張容說得很清楚，這裡面是有一點想法的。我想要告訴他的不只是一個字，而是這個字背後一點一點透過文化累積而形成的價值觀。

講究的中國老古人命名萬物之際，曾經刻意連結（或者混淆）過一些事物。在《禮記．曲禮》上就記載著：「天子死曰『崩』，諸侯死曰『薨』，大夫曰『卒』，士曰『不祿』，庶人曰『死』。」大夫這個階級的人一旦死了，彷彿就自動降等到士這個階級的最末——這是一個序列轉換的象徵——生命時間的終了即是階級生活的淪落；同樣的，士這個階級的人一旦死了，就以「停止發放俸給」（不祿）來描述之。看起來，這兩個階級的人的死亡是具有一種牽連廣泛的「社會屬性」的。所以到了唐代以後，官稱還延續這個機制，凡是舉喪，三品以上稱「薨」，五品以上稱「卒」，六品以下至於平民才叫「死」。

往下看，庶人生命的結束看來也沒有值得一顧的內容——「死」這個字是帶有歧視性的，在更古老的時代，壽考或封建地位高的「君子」之人過世了，得以「終」字稱之，配不上「終」字的小民和中壽以下就往生的，才稱為「死」。

「是因為要打仗，所以兵和卒才會排在最前面嗎？」張容比較關心的是棋盤。「是吧？後面的老將和老帥得保住，不然棋局就輸了。」說這話的時候我還暗自揣摩，猜想：從這個卒字也許可以讓他瞭解很多，關於戰爭的殘酷、關於「一將功成萬骨枯」的諷喻，甚至關於製造兵危以鞏固權力的壞領袖等等。

「我不喜歡兵和卒。」張容繼續撇著嘴說，神情略顯不屑。

「因為他們是最低級的武士嗎？」我一時有些愕然。

「我覺得他們不應該在最前面。」

「的確，他們總是在最前面，一旦打起仗來，總是先犧牲掉他們。」

「不是，我覺得他們就是不應該擋在前面。這樣擋著，『帥』跟『將』就不能決鬥了。」他說時虎著一雙眼，像是準備去參加火影忍者的格鬥考試。

乖

我手邊還留著些中學時代的課本，有時翻看幾眼，會重新回到三十多年前的課堂上——而我經常回去造訪的，是高二時魏開瑜先生的語文課。除了教國文，魏先生好像還是位開業的中醫師。這溫柔敦厚的謙謙君子，偶爾上課的時候會說兩句笑話，乍聽誰都笑不出來，因為沒有人相信他居然會說笑話。

有回說到「乖」這個字，他說：「這是個很不乖的字。」最早在《易經》裡，有「家道窮，必乖。」的說法，從這兒開出來的解釋，「乖」字都有「悖離」、「違背」、「差異」、「反常」、「不順利」、「不如意」的意思。

魏先生在堂上說到此處，大約是想起要引用什麼有韻味的文字，便開始搖頭晃腦地醞釀起情緒來。過了片刻，吟唸了一段話：「故水至清則無魚，政至察則眾乖，此自然之勢也。」吟罷之後，又用他那濃重的福州腔普通話說了一大套，大意是說，這一段話原本是從《禮記》裡變化出來的，可是《禮記》的原文是「水至清則無魚，人至察則無徒。」前一句完全一樣，後一句怎麼差這麼多？

「『人至察則無徒』跟『政至察則眾乖』是一樣的嗎？」魏先生從老花鏡上方瞪圓了眼睛問：「你考察女朋友考察得很精細，是會讓她跑掉呢？還是會讓她變乖呢？」

我記得全班安靜了好半晌，才猛可爆起一陣驚雷也似的呼聲：「變——乖！」

「那麼你女朋友考察你考察得很精細，是會讓你跑掉呢，還是會讓你變乖呢？」

我們毫不遲疑地吼了第二聲：「跑——掉！」

「你們太不瞭解這個『乖』字啦！」魏先生笑了起來，接著才告訴我們，主導政治的人查察人民太苛細，是會讓人民流離出奔的；「乖」就是「背棄而遠離」之意，「無徒」是人民背棄遠離，「眾乖」也一樣。至於男女朋友之間，不管誰查察誰，恐怕也都會招致同樣的結果。

在我的國文課本的空白處於是留下了這樣一句怪話：「誰察你你就乖。」

有人解釋唐代李廓的〈上令狐舍人〉詩：「宿客嫌吟苦，乖童恨睡遲。」說「乖」字是聰明機靈甚至馴服的意思，我不認為乖字有這麼早就變乖。就各種文獻資料比對，起碼到了王實甫的《西廂記》裡，「乖性兒」指的還是壞脾氣呢。此外，在元人的戲曲之中，表示機靈的「乖覺」這樣的字眼才剛剛誕生。馮夢龍形容愛人為「乖親」，也是明朝的事了。

這個字之所以到了近代會有一百八十度的轉變，我認為是從一代又一代的父母對孩子的「悖離」、「違背」之無奈嘆息而來。當父母抱著好容易鬧睡的孩子嘆說「真是乖（壞的意思）啊！」的時候，其實是充滿了疲累、怨懟和無奈的。然而，孩子畢竟還是睡著了，不是嗎？抱怨的意義也就變得令人迷惑了。

張容對他媽媽最新的承諾是這樣的：「到母親節那一天，我會表現得乖一點。」

他妹妹及時察覺這話很不尋常，且牽涉到她的權益，馬上嚴肅地問她哥：「我也需要這樣嗎？」

離

有些字帶有魔力，一旦使用，就會登入現實。

我跟張容解釋「離」這個字的時候並不帶任何人事上的意義。「離合器為什麼要叫離合器？」這是他的問題。

我畫了一個歪歪斜斜的錐形離合器。先畫主動軸——它像一個側置的馬桶吸盤，盤底中間向回凹入一個梯形——再就那凹入的位置嵌上一個戴著相同大小梯形帽子的從動軸。

「一個連續轉動的主動軸就是這樣驅動一個原先不會動的從動軸的。」我照著圖比劃了一陣，「當離合器『結合』的時候，就能夠把扭力——也就是旋轉力——從主動軸傳到從動軸上了。」

張容一臉茫然，只能順著字面最表層的意思，故作通透明白的樣子：「那『離開』

的時候就不可以了？」我心裡則想著，媽的皮克斯公司利用閃電麥昆賺了那麼多家長的鈔票以後，起碼可以多花一張小圖的成本解釋一下離合器裡的齒輪之類的東西吧？

「『離』這個字有很多意思。在『離合器』這裡，『離』就是物件彼此之間分開的意思，它沒有『離開』、『分手』的意思。」我只好不斷叉搭著雙手，表演這世界上最原始的離合狀態。離、合、離、合……

「反正『離』就是不在一起就對了，『合』就是在一起就對了。」他做結論的意思有時候是表示「不想聽下去了」。

「『離』這個字的中文很有意思。這個字有時候還會代表完全相反的意思。」我接著說：「分開、分散、裂解、斷絕、分割都可以用『離』字。可是經歷了什麼事、遭遇了什麼狀況，也可以用『離』。既是分開，又是結合，明明相反的字義，可是卻用同一個字表達。」

「那『離合器』為什麼不叫『離離器』？」

這是一個好問題。碰到孩子的好問題，我一向答不出來，只能打發他：「『離離』連在一起，就變成形容茂盛、濃密、明亮、清楚有次序的樣子，就都不是我們剛才說的那些個意思了。」

這是關於「離」字的小結論。也許就在一、二十分鐘之後，張宜顯然認為她的媽媽彈琴彈得太專心、無視女兒的呼喚，於是她大喊了兩句：「你不理我我也不要理你了，我要自己出去了！」

這個小女孩於是展開了人生第一次的離家出走。

根據事後她自己的描述：起初她只是在門口站了一下，但是並沒有人來阻止她或安慰她——「所以我就離開了。」

她出門之後沿著窄窄的人行道爬坡向上走，事後的回憶是這樣的：「在走路的時候太陽很大，超熱的。我本來不知道走了多遠，所以有回頭看，看自己走了多遠，一共回了三次頭！」

媽媽在幾分鐘之後發現女兒堅決出走的心意真的漸行漸遠了，才趕緊追出去，母女倆在陽光地裡好像還是爭執了好一陣。媽媽把女兒架回來的時候喊我：「這女生居然離家出走！」

這麼好的天氣，為什麼不呢？

娃

我承認，直到小學畢業，我還偷偷玩娃娃。娃娃是我在小學四年級的時候自己用破棉布襯衫碎料縫製的。當時一共做了三個——用白、藍布做的一高一矮兩個比例均衡，以原子筆塗畫的面目也顯得清秀端莊。也由於用料色彩單純，這兩個娃娃顯得比較「正派」——至少多年以來，在我的回憶中一徑是如此——然而我卻不常「跟他們玩兒」。「跟我玩兒」得比較多的是個圓圓臉、大扁頭、嘴歪眼斜的傢伙，這傢伙是用深淺米黃格子布和綠白格子布做成的，還有個名字，叫「歪頭」。

每當我覺得想玩兒娃娃、又怕把心愛的手工藝品弄髒了的時候，就會把「歪頭」提拎出抽屜來擺布擺布。時日稍久，感覺上「歪頭」竟然是我唯一擁有的娃娃了。這娃娃始終是我的秘密，不能讓任何人知曉。很可能一直到初中三年級舉家搬遷，「歪頭」才徹底從我的生活中消失。如果有人問我對於搬家有什麼體會，我能想到的第一個答案就是：搬家幫助人冷血拋棄日後會後悔失去的珍貴事物。我近乎刻意地把「歪頭」留在舊家的垃圾堆裡，甚至完全忘了另外還有兩個曾經受到妥善保存的娃娃。那時我一定以為自己實在長大了，或者急著說服自己應該長大了。

我在跟張容和張宜解說「娃」這個字奇特的「年齡屬性」的時候，竟然會不由自主地想到「歪頭」。

可以推測得知，在漢代，大約是最初使用「娃」這個字的時候，它的意思是「美女」，換言之，是形容成熟的女人。《漢書．揚雄傳》引揚雄所寫的〈反離騷〉：「資娵娃之珍髢兮，鬻九戎而索賴。」大約是最早的例子。到了唐人、宋人的筆下，這個字所顯示的女子年齡明顯地變小了，很多詩詞裡所呈現的「娃」是少女、小姑娘的代稱。再過幾百年，至於元、明以下的「娃」字常常隨北方地方語之意以應用、流傳，「娃」字的年齡降得更低，大約非指兒童、小孩子不可了。到了今天的俗語之中，除了親暱的小名兒，「娃」字則往往多用於嬰幼兒。

「原來娃娃不是小孩子。」我說：「這個字是從大人長、長、長、長回小孩子的。」

字義的叢集性很明顯，好像每個字都會向大量使用之處傾斜，越是大量使用，越是限縮了意義的向度，我臨時用Google搜尋比對，發現「娃娃」一詞有兩千零一百萬筆資料，「嬌娃」有一百零三萬筆，「淫娃」也有二十萬一千筆，「巧娃」有六千二百四十筆，「鄰娃」只有一千七百三十筆。至於「婀娃」呢？僅存一百四十八筆。

觀察字義的叢集現象會讓我們漸漸有能力揭露文字的死亡過程——這個死亡過程也恰恰顯影了我們拋棄某一語符的時候內心共同的深切渴望。

那些大聲疾呼漢語文化沒落，或是有鑑於國人普遍中文競爭力變差而憂心忡忡的人士要知道：不是只有那些晦澀、深奧的字句在孤寂中死亡，即使是尋常令人覺得熟眉熟眼的字，往往也在人們「妥善保存而不提拎出來擺布」的情況之下一分一寸地死去。殘存而賴活的意義，使用者也往往只能任由其互相覆蓋、滲透以及刻意誤用的渲染。

我跟女兒說「我一直喜歡玩娃娃」的時候是誠實的，意思就是說我從小到大一直喜歡玩布娃娃。但是這樣一句話，如果搬到公共領域張掛，還真不知道會被如何鑽析破解呢？

「那你滿幼稚的。」兒子在一旁插嘴。

「你簡直太幼稚了。」女兒接著說：「像我都已經不玩別的娃娃了，我只玩蔡佳佳，其他的都不玩——我退休了。」

那個「我」

大事，總是在突然之間發生。

孩子終於要搖著或咬著鉛筆，面對那個簡單的字了——「我」。

這種名為「生活小記」的作文與一般應題而制、訓練應用書寫能力的作文似乎不太一樣，它像是更希望孩子藉由一篇短文進入生活內在的細節去觀察、思索和感受。學校規定在文字之後還要畫一張插圖。張容把這項功課拖到最後一刻才開始做，先給那張插圖打了草稿。圖中當然就是一個孩子，坐在床上——家人一眼就可以指認出這的確就是我們的臥房，連五斗櫃的顏色都十分接近。圖中的孩子坐在床中央，頭頂是一朵雲，雲裡一個大大的問號，以及「為什麼」三個字。

這就是我曾經想過不知道多少次的那個畫面了。「將來，我的孩子會怎樣看他自己呢？」我坐在床上、頭頂著雲朵的那個年紀，雲霧裡的字句差不多就是這樣。現在答案揭曉了：一個頭頂上也有疑惑之雲、對世界充滿問題的小傢伙。很好。

這個小傢伙在作文裡告訴我們：他快要八歲了，身高一百二十五公分，算是中等，他喜歡恐龍和天文知識，討厭人多的地方，不喜歡吃豬肝、豬血、荷包蛋和蚵仔。他知道在老師的眼中，他是個「老實孩子」，爸爸認為他聰明，而媽媽認為他窮緊張。將來他想當個古生物學家——這個期待後來被他媽媽說服，改成了「學者」。

孩子的媽媽似乎覺得不必把自己的未來全裝進「古生物學」專業領域裡去，好像「古生物學」這個小集合真會限定了他兒子很大一部分美好的未來似的；而我卻覺得「學者」二字所涵攝的大集合籠統得像是沒臉見人，反而流露出一種好高鶩遠以自詡的氣味。

「你知道『學者』究竟是個什麼東西嗎？」我問。

張容聳聳肩：「不知道也沒關係吧？反正那是我自己的事，將來我就知道了。」

我看著圖中那個被「為什麼」雲朵籠罩的小孩，問他：「那麼請你告訴我，『我』是幾個人？」

「一個人呀。」

「不完全對。」我說：「在中國字裡，這個『我』字底下還有埋伏。」

妹妹張宜立刻插嘴說：「什麼是『埋伏』？」

我暫時沒理她，繼續說下去：「中國字的『我』往往指的是一群跟我比較親近的人，一群我自己會認同和歸屬的人。所以『我』常常包含了一個範圍比較大、人數比較多的人們，而泛指自己所在的一整個方面。我們說『我方』、『我國』、『我族』、『我軍』，都是這個意思，這裡的『我』，就包含了有我在裡面的一群人了。而在你的『我』所認定的範圍裡，你媽也是其中一個，你愛她、依賴她，也相信她，所以你才讓她把你的『古生物學家』改成『學者』也無所謂。」

「不可以改嗎？」

「你媽改的，我可不敢這麼說。」

「那『我』就不只是我自己了嗎？」

「這是你頭頂上的那塊雲裡一個很重要的問題：『我』為什麼不只是我？」

「那埋伏是什麼？」張宜堅持問到底。

「埋伏就是原本躲起來，忽然跑出來，把你嚇得跳起來的這種東西。」

「媽媽是埋伏嗎？」張宜睜大眼睛問。

「一定是的！」

譫

譫，今音讀「瞻」，多言以及胡言亂語的意思。

這是一個後起的字，用簡單的文字學原理推測：這個字原本應該就寫作「詹」，「詹」字的意思很多，本來就有「多言」之義，還有「到達」、「供給」、「仰望」以及——在十分偶爾的情況下——更可以當蟾蜍的「蟾」字來用。〈古詩十九首〉裡的〈孟冬寒氣至〉一首就有「三五明月滿，四五詹兔缺」的句子。此外，最常見的用法當然還是姓氏，姓詹的也許不在意自己為人所仰望，但是一定不願意老惹人發現自己話多，這個多言的「詹」便加上一個言字偏旁，仰望之「詹」便加上一個目字偏旁，各以明其本義，原先的詹字就此讓姓詹的專有了。

既然語言是溝通的工具，達意不亦足矣？為什麼要多言，甚至胡言亂語呢？我是從電視論政節目上想到這個問題的。

近些年台灣進入一個集體弱智時代，家家戶戶在電視機名嘴炒作政治議題的誘導之下，不但付出了時間，還賠上了情緒，所以「多言以及胡言亂語」成了極其普遍的傳染病。我的看法很簡單，越是不能，以及不習於聆聽的人，越是感覺自己不被聆聽而不得不以勾連席捲為能事、以牽絲攀藤為手段，將對話者原本已經明確表述的意思奪胎換骨、移花接木，使之如解瓦爛魚；再將自己原本應該清晰傳達的意思加油添醋、施脂傳粉，使之如霧沼雲山。所有的對話都在這樣一而再、再而三的打磨之下成為「自我的反表述」──我沒聽到對手說什麼，也不相信對手可能聽到我說什麼；相信我說什麼的不管聽到什麼都會相信我，不相信我說什麼的反正都得聽我說。

越到晚近，我越發察覺一個核心的態度：人們不再去觀賞自己理想或信仰所繫的一方之論，而偏喜觀賞自己已經厭惡而嗤鄙的敵營之論。因為信仰已經確立，立場不會更改，按開電視機要找的不過是可供訕笑的樂子，如此而已。於是而可以算計出一個極其荒謬的結論，那就是每一個立場鮮明的電視頻道之收視率（及其廣告獲利），都是由恨之入骨的對手觀眾所打造出來的。從媒體和名嘴的立場看：我越是走偏鋒、持險論，就越是能讓那些明知我多言以及胡言亂語的觀眾益發看我不起；從受眾的心態看：我越是能夠且想要從敵對陣營荒腔走板的言論之中得到輕鄙之樂，就越是能為該媒體帶來豐富的利潤。

這樣的說不是為了聽；這樣的聽，也無關於理解。

以下是我五歲的女兒跟她七歲的哥哥一起玩耍的時候忽然冒出來的幾句話：

「我已經跟你說過了呀，你為什麼沒有傳達呢？如果沒有傳達，這一切就報銷了呀。我這邊的作業停不下來，你怎麼不知道事情的嚴重性呢？」

「今天你的表現很優秀，我很滿意，希望你保持練習，一直到我覺得可以更合於制度一點的時候，那你就通過我這一關的邏輯了。」

「我覺得你可以買一顆 Tiffany 的鑽石給媽媽，再買一顆給我，這樣的狀況已經很明確了，需要我再強調一次嗎？」

她哥哥一面玩兒自己的樂高，一面連連應聲。我趁妹妹不注意的時候悄悄問他：

「你明白她說些什麼嗎？」

「她在胡說八道。」

「所以你聽得懂？」

哥哥搖了搖頭，也低聲回我一句：「她不是說給我們懂的，好嗎？」

諂，其深奧如此。但是我同時自誓：絕對不能再看電視論政節目，這對孩子的語言影響真是壞得太深遠了。

最

對世界抱持著充分好奇的同時，孩子也開始在提問之中累積偏見。

差不多就從妹妹凡事搖著頭抱怨「你說什麼我都聽不懂」的時候起，哥哥展開了他對「最」字的攻堅。「世界上最快的車是什麼車？」「世界上最大的橋在哪裡？」「世界上鋼琴彈得最厲害的人是誰？」「全宇宙最亮的恒星在哪裡？」以及「我們家最胖的是誰？」這一類的問題之不好回答，或由於無法判斷，或由於難以統計，或由於與時變化，或由於知識匱乏，或由於怕得罪媽媽，我經常無言以對，支吾個半天。最後總以「『最』這個字實在不好講」做結論。

孩子需要就一個「最」字找答案，是因為他們需要在茫茫的知見之海中設定航標。那個「最」字不只意味著令他們咋舌稱奇的新鮮事物，也象徵著他們所能理解的世界盡頭。我只好跟張容說：「你每得到一個『最』字的答案，好像就對這個世界的邊緣多了一點瞭解，可是偏偏這個世界是不斷在改變的，說不定今天你知道的『最』到了明天就不『最』了；這一分鐘你相信的『最』，或許早在上一分鐘裡也已經不『最』了。」

妹妹在這時搖著頭，像是跟自己說：「你說什麼我都聽不懂。」

「最」字帶來的焦慮還不只如此。比方說，台灣人日後一定會記得他們在某一段歲月裡曾經擁有過全世界最高的一棟大樓。每看到這棟樓，張容就會說：「這真是全世界最高的一棟樓嗎？」言下之意，對於和自己如此靠近的「最」，反倒彷彿難以置信。我總是這樣說：「在下一棟超過它高度的建築物蓋成之前，它都還是『最』高的。」

「那下一棟什麼時候會蓋起來？」「那比它還高的那一棟會蓋在哪裡？」「那會有多高？」「那會蓋成幾層？」……驕傲尚未成形，焦慮已經滿出來了。

即使就個別的字意來說，「最」字都有禁不起柔軟心腸之人深思直視之處。「最」字——不論作為「首要」、「大凡」、「集聚」或「總計」來解釋——幾乎都是晚出後成的意思，這個字更早的來歷是「犯（反）而取之」，所以從「冒」字，從「取」字，也就是豁出一切，不計代價以取得所謀者。是以古代在考核政績和軍功的時候，以上等為「最」。

如果我們再追問，「冒犯」又是怎麼跟「取之」發生聯繫的呢？那恐怕就只有一個解釋：「輕忽生命」。「冒」是古代驗看、盛裝屍體的布囊，殮屍亦以此字稱之。所以「冒」是寧死而必得，是以付出生命為手段的行為。整合起來看，能夠不惜以生命為代價，取得所謀，則功成其最，那麼，說「最」字是犧牲個人（冒而取）以完遂集體（最功）的一種價值觀也就不為過了。

我年紀越大越怕事，所以看見「最」字便想起有人要輕忽生命了，就渾身不舒服，所以乾脆跟張容這麼說：

「『最』也許是一個年輕人喜歡用、甚至要追求的字，年紀大一點的人反而不隨便用這個『最』字。」

妹妹接著問：「是因為老人家最後都要死掉了嗎？」

她說得相當有智慧，到了「最」後，人能取得什麼呢？

局

小兄妹把兩條跳繩相銜接綁緊，從三樓樓梯口垂下來，上端壓上一隻繡花鞋，下端懸空，要讓樓下經過而好奇的陌生人去拉另一端。我聽見他們在布置這陷阱的時候低聲說：「我們不要玩很可愛的遊戲，要玩惡作劇才行！」「對呀！一定要玩惡作劇才行。」然而，家裡面有誰是陌生又有好奇心的人呢？

過了不多會兒，哥哥來到我書桌旁邊：「你要不要經過樓梯一下？」我說不要。「你要不要看看我們家出現一個奇怪的東西？」我說不要。妹妹走過來大聲對哥哥說：「你這樣講他當然不會被騙呀！」接著轉臉衝我說：「你想不想被很軟很軟的鞋子打到頭呢？感覺不錯唷！」

「我不是笨蛋，休想叫我入你們這個局。」

「入什麼我聽不懂。」妹妹說。

結果他們入了我的局了。通常這一招十分有效：當我希望他們學習某一個單字、運用某一個詞彙、鍛鍊某一種句法的時候，總是先讓他們聽不懂我說的話。當他們覺得這個字、這個詞、這個句子值得探究，甚至是大人們想盡辦法，刻意隱瞞，不欲使孩子得以接聞的那種神秘知識，就一顆爆發的好奇之心而言，只有「沛然莫之能禦」足以形容。

我隨手扯張紙，畫了個彎腰駝背的老人，駝曲之處特別畫了個圈兒，告訴他們：這是彎曲的脊椎骨。妹妹自覺眼尖，說：「你在畫奶奶嗎？」算是吧？我說。

「局」這個字本來大約就是個佝僂之人的模樣，不論是病老骨弱的生理問題，還是委屈難伸的精神狀態，此字大約就是從體態之寫實而來的。由彎曲、委曲而表狹隘、仄窄，似乎順理而成章。但是我猜想幾乎就在櫜駝之義形成的不久之後，「拘限」、「囿域」、「範疇」這一個意義群也出現了，顯然是佝僂這形貌能夠引起的第一度聯想所致。接著而來的便是「權限」。

在指稱一個特定的行政單位，比方說前清的「外事局」、「文化局」；到今天的「刑事局」、「新聞局」、「教育局」，這都是從一個「分別和限定事權」的觀念出發的。

至於在中古六朝時代就已經出現的泛稱「當局」，其「拘執」、「偏見」的語意就更值得一論了。

「當局」二字無疑從對弈而來。這個從漢代就開始運用的詞彙一向是和「旁議」對立，而且總強調著一種眼界清明與否的差異——「當局者迷，旁觀者清」、「覺悟因傍喻，迷執由當局」。對於誰看得清楚問題、誰看不清楚問題，中國的知識界幾乎有一種宿命的成見，認定「博（下局去賭）者無識」而高見反而來自局外。結構中人不能自反而縮，遠見也好、洞識也好，都不能從醬缸裡撈取，而得靠旁觀、靠異議。

「局」字的變化尚不止此。正因為「拘限」、「範疇」以及「權限」，使得它還具備了「按照一定規則從事」的意義。在賈西亞．馬奎斯的大名著《百年孤寂》裡，那個元氣淋漓的老波恩地亞不喜歡下棋，因為他覺得「訂了規則的遊戲還有什麼好玩兒的？」所以棋局、賭局、政局、騙局之同質者在此——都是設計出一套使人認真經營、以身相許的規矩，不自外也不能見其外的遊戲。

這一天，我說了很多「局」，小兄妹一直耐心地聽著，不時看看紙上那個奶奶，似乎對於「局中人」流露出些許的同情。但是，妹妹的結論很直接，她挑起雙眉，指著樓梯口垂下來的跳繩握把：「你要不要去拉一下？」

黑

今天這篇文字會讓我想到薇薇夫人或是馬它；如果讀者不知道這兩位是誰，可以繼續看下去。

我在部落格上收到一封信，大意如此：

有個很迫切的問題想請教您。我兒子已十個月大，即將進入牙牙學語的階段，在民進黨政府亟欲去中國化的情況下，我很擔心將來我兒子的中文一塌糊塗。我知道您對培養自己小孩的文學基礎有一套方法，在不同的階段有不同的讀物，可否請你詳細地告訴我：從現在開始，到小學前，我該如何在每個階段讓小孩分別接觸哪些書？每階段不同書的順序又是如何？拜託了，大春兄。謝謝啦！

一個憂心小孩將來忘根的父親

我的答覆是這樣的：

「每個家庭的焦慮程度不同，我說不上來該有什麼值得提供給任何非我家人的朋友應該幹嘛的建議。因為連我自己對於我的老婆孩子的中文程度該如何，或者是該提供給他們甚至我自己一些什麼樣的教育，我都說不上來。

「在我自己家裡，就只一樣跟許多人家不同，那就是我們有長達兩個小時的晚餐時間。全家一起說話，大人孩子分享共同的話題。有很多時候，我會隨機運用當天的各種話題，設計孩子們能夠吸收而且應該理解的知識。最重要的是在提出那學習的問題之前，我並不知道他們想學什麼、不想學什麼，該學什麼、不該學什麼。

「忽然有一天，我兒子問我：『你覺得這個世界上佔最多的顏色是什麼？』我想了一會兒，說：『是黑色吧？』我兒子立刻點點頭說：『對了！你說的應該沒錯。這個宇宙大部分的地方是黑的。』他剛滿七歲，小一生，我從來沒有跟他談過『黑暗物質』、『黑暗能量』，也不認為他讀過那樣的書。但是那天我很高興，不是因為他說的對——也許我對宇宙的瞭解還不夠資格說他對或不對——但是我有資格說：他開始思考宇宙問題的習慣，真讓我感動。

「重要的不是中文程度或任何一科的程度，重要的也不是哪一本書，或哪些是非讀不可的好書，重要的是你和你的孩子能不能一頓晚飯吃兩個鐘頭，無話不談——而且就從他想學說話的時候開始。」

看到這裡，如果讀者諸君還是不知道薇薇夫人或馬它是誰，就表示你年輕得不必擔心教養問題了。薇薇夫人和馬它是我最早接觸到在媒體上公開解答他人生活疑難的專欄作家。從情感、家庭、職場到化妝、保養和健身，多年以來，她們一定幫助過不少人。

但是所有的生活疑難總在降臨之際重新折磨一個人。我其實沒有回答那位憂心小孩忘根的父親，我恐怕也不能回答任何一個總體上關於文化教養的問題。而且，就在我回帖之後立刻有瞭解我素行如何的知音人前來提醒：「有機會跟兒子說話時注意自己的談吐水準和內容，孩子是麵團，家長是印模，久之自會從孩子身上看到自己的模印成績。」

宇宙是黑的，想它時偶爾會他媽的發亮。

認得幾個字

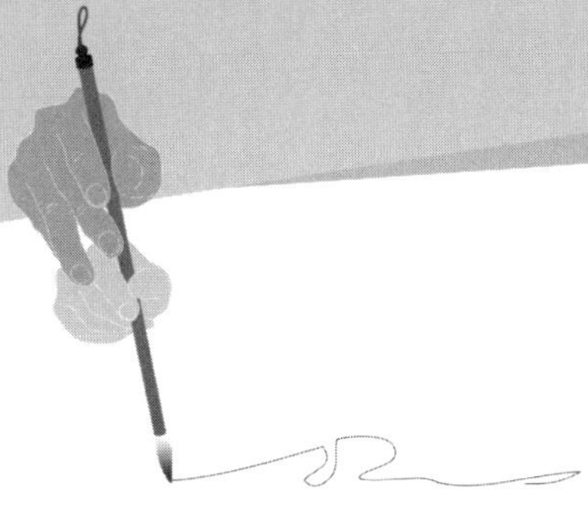

匚

張宜教我區別了兩個部首。

我知道這個經驗很難透過電腦打字所寫的文稿傳遞給讀者，但是我想試一試。

就在張宜正式開始學國字的那一天晚上，她趴在桌上，抱著新到手的國語辭典，一行一行地查看部首，忽然間對我說：「這個字（匚），跟這個字（匸）不一樣。」

那是緊緊相鄰的兩個部首。前一個國音讀「方」，後一個國音讀「夕」。仔細辨識，兩個部首的差異還真不少。前一個左上角封口處的兩劃相接，既不透空，也無參差，像是一個完整密合的直角。但是後一個的左上角就不同了，作為第一劃的「一」還稍微突出於第二筆的直劃。另一處不同的是前一個字的左下角和左上角一樣，是方筆正折的直角；後一個字的左下角則略近於圓筆。根據字典進一步的說明：兩字收筆也不同，前一字末筆與第一筆等長；而後一字末筆非但突出一些，還應該帶一點向下彎曲的尾巴。我從架上翻下自己常用的大字典再一看，讀「夕」的第二個「匸」居然另有讀音，同國音的「喜」。

讀「方」的「匚」就是方形的容器，在甲骨文、金文裡就有了，但是讀「夕」或「喜」的「匸」在金文中僅有一例，意思竟也同於讀「方」的字，就是指「容物之器」。直到小篆時代，分化了意義之後的第二個讀音的「匸」字才出現——在東漢許慎的《說文》中，這個字的確長了一根小小的、向下彎垂的尾巴，意思是「有所挾藏」。

小學生用的字典裡，前一個「匚」部只收了「匝」、「匡」、「匠」、「匣」、「匪」、「匯」、「匱」等七個字；後一個「匸」部也只收了「匹」、「匿」、「區」、「匾」等四個字。較大的字典裡，前者還多收了「匜」、「叵」、「匟」、「匭」四字；後者則多了「医」字。這兩個部首的「字丁」都不算興旺。

在以部首分別所屬的眾多中國字中，這兩個部首的確堪稱是極小的族群，然而造字、用字的人顯然有其不甘混同的講究。我們可以推想：後一個「匸」字很可能是從前一個「匚」字裡分化出來的，人們先有了表述「方形的容器」的字，再從這容器的命意之中發展出「遮蓋」、「掩蔽」、「藏匿」的種種用法；但是，基於一字一義的原則，只好將形符稍作變化，以示區分。

但是這區分畢竟抵擋不住書寫工具迅速發展之後更強大的俗寫簡化趨勢。比方說，原本屬前一個「匚」部、左下角應作方筆的「匱」，到了晉代王羲之的筆下就成了圓角，而早在漢代就寫成的隸書〈袁良碑〉上，左下方該作圓角、屬於第二個「匸」（讀夕或喜）部的「匹」字非但寫成了方角，還是個帶尖的銳角。這讓我不禁想到一個有趣的問題：分化字形、確立字意，似乎是一個一個的字在生命初期的必然經歷，一經人們長期、大量書寫，字形的分別、字義的確認，似乎已經不如這字在使用上的簡明、便利甚至美觀來得重要了。人在不同的生命階段有著不同的學習旨趣，字亦如此。

張宜聽完我的解釋，似乎很滿意，說：「我學寫國字第一天就教會你這兩個字。」

「是要謝謝你。」我說：「不然可能我一輩子都不知道這是兩個不同的字。」

「我覺得你還應該更認真一點。」她趴回桌上，抱著字典繼續找，看看還有什麼能教我的。

卡

「俗」這個字在一百多年前與今天我們使用並賦予的意義十分不同。例如「俗字」、「俗語」這樣的概念，在今天，我們說「俗字」、「俗語」的時候，意指一般大眾通行使用的文字或語言。但是，在清代中葉以前，這兩個詞所指的都還是「囿於某一鄉土之方言用字」以及特定的「某種方言」，而絕無「大眾通行」的意思。

清代紐琇（1644-1704）的筆記之作《觚賸》裡就曾經這麼說：「粵中多俗字」。這裡所指的「俗字」就是當地自造自用之字，外省、異地根本不能用，甚至不能認讀。比方說表達「坐得穩」之意，有一個字，寫成上「大」下「坐」，讀音就唸「穩」；人物之短者，有一個字，寫成上「不」下「高」，讀音就唸「矮」；人之瘦小的也有一個字，寫成上「不」下「大」，讀音為「芒」。山之岩洞為上「石」下「山」，據說讀作「勘」；水之因礫石而激濺，寫成上「石」下「水」，據說讀作「聘」。

有的字，紐琇解為廣東獨造，而他處竟也有音義稍微不同而字形一樣的例子。像「氹」，在《觚賸》裡以為是「蓄水之地」，音「泔」（即「甘」），但是到了南方其他的省分，這個字卻讀作「蕩」，意思也小有不同，是為田地之中挖了來製作稻田基肥的漚池。

最奇特的則是一個「卡」字。紐琇是清初時代的人，在他的記載之中，「卡」也算一個與外地人不能溝通的「俗字」，意思是「路之險隘」，《觚賸》注讀「汊」，和今天一般的讀音很不同。有趣的是，過了整整兩百年，到晚清俞樾（1821-1907）的時代，「卡」字已經通行起來。俞氏所著的《茶香室續抄・卷二》就明白地說：「自詔書下而奏章，無不有此字。」俞氏的感慨很明顯：到了他那個時代，人們根本不知道「卡」曾經是個和「上石下山」、「上石下水」這種「地域符號」一樣冷僻而難解的字。

俞樾明白地指出，變化的關鍵是「軍興以來」——此處的「軍興」，是指太平天國造反——為了嚴密查察南來北往之人，全國各水路要衝之地都設有防守和檢查的崗哨，謂之「卡」、「卡口」、「卡子」。換言之，一場洪楊之變，不只在大歷史的場域上扭轉了清代的國運，也使得我們今天翻用外來語時有了一個方便借音而指義的字——「truck」呼為「卡車」，「card」呼為「卡片」，都可歸諸這一場長達十四年的大動亂，由於軍事上的需要而發動了一個字的廣泛意義。

我跟孩子們解釋他們的遊戲王卡、甲蟲卡、流行少女跳舞卡……這些卡之所以叫作「卡」的來歷，一方面也讓他們瞭解：在廣東，地方上一開始使用這個看起來「不上不下」的字，為期可能已經上千年，可是作為關卡、卡口意義的「卡」只有一百多年的歷史，作為卡片意義的「卡」，時間就更短了。可是這個為期最短的意義加入之後，「卡」卻不再罕僻，而成為所有使用漢語的人幾乎每天都會接觸的一個字了。

我讓張宜寫這個字，她總是把該寫在字形右邊的兩個短劃寫在左邊，我說：「你寫反了。」

她回身拿出一張遊戲王卡，蓋住，笑著對我說：「反過來你就不知道我用什麼卡攻擊你了。」

「你現在知道了嗎？」張容嘆了口氣，說：「她老是自己發明遊戲規則，誰也拿她沒辦法。」

造字、用字本來就是武斷的發明，偶然與誤會之於字的流通、改變，往往是天經地義的硬道理。

臨

寒假期間，家裡經常多了三個孩子，來練習寫毛筆字的。十五歲的大哥哥已經能夠臨歐陽詢的《九成宮》了，他來學寫字，交換條件是指導張容下圍棋。至於另外這四個小的，還只能在一旁吱吱喳喳到處甩墨汁、畫鬼符以及沒事找事、問些他們並不認真好奇的問題。

「為什麼寫字要叫『臨』？」他們看著大哥哥，大哥哥看著帖，帖上的字卻硬是不肯跟著他的筆下到棉紙上來。

「就是學書上寫的字的樣子嗎？」一個說。

「可是寫得一點也不像呀！」另一個說。

大哥哥臉紅了，苦笑了，手筆一起抖起來了。

臨，是一個從來不曾出現於甲骨文中的字，這意味它出現得較晚，所以字義的形成也比較複雜。左邊的「臣」，過去一向被解釋成「臣，屈服也，臨下必屈其體」。這樣的說明委實過於迂曲，還不如索性將「臣」看作像監字、鑒字裡的「臣」那樣，就是一隻表情誇張的大眼睛；這隻大眼睛的主子（也就是右邊上方象徵著人的形符）正彎著腰，直楞楞瞪目下視。三個口，謂之「品」，一般的解釋是「眾物」的意思。原先在金文和石鼓文中，這個「品」的位置不在右邊，而在「臣」的下方，三口成一橫列，在上俯瞰的眼睛甚至還發射出三條短短的「視線」，一一指點到位呢。

這就是「臨」字原初的意思了——一個在高位上的人瞪大了眼睛，仔細審視在低位之眾物（這裡的眾物當然也可以指人民）。所以《詩經．小雅．小旻》「戰戰兢兢，如臨深淵，如履薄冰」和《荀子．勸學》中所謂的「不臨深谿，不知地之厚也」就是既準確又豐富的描述了。只用一個「臨」字，非但狀述了這個動詞使用的位置，也勾勒出環境的形勢以及這登觀的心情。此外，作為一種戰車而命名為「臨」，顧名思義，一定是輛造型高大的偵察車。

一直到了小篆時代，原本被觀望的眾物（那三個口）才改變了位置，使得「臣」（眼睛）底下只留存一口，另兩口堆成一上一下的位置，寫到右邊來。再發展到隸書時，今日書寫的形體才告確立。可想而知，小篆以後的變化一定是為了書寫美觀、結體均衡的緣故。如此則造字的精微之義往往就給犧牲掉了。

孩子們對一個字裡有那麼一隻直立的大眼睛很有興趣，不停地拿筆描摹，居然在無意間將「臣」字畫斜了、畫橫了，這就更加清晰地看出「臣」之為眼睛的底蘊來。

「所以臨帖的學習不單單是讓你對照著一筆一劃地寫，更是讓你仔仔細細地看。」我跟那大哥哥說。

大哥哥幾時能夠學書有成，我可不敢說。但是張容的圍棋卻一日千里，刻進有功。連帶地，在和我下象棋、五子棋甚至跳棋的時候，都有了布局的遠見。這天晚上，他在連贏了我三盤之後得意地跟他的妹妹說：「小孩子的時代已經來臨了！」

「已經來臨了嗎？」張宜睜大眼睛，十分好奇地跟著起鬨。

「沒錯，大人已經一點一點被打敗了。」

「是哪一個小孩子的時代已經來臨了？」張宜有些不放心地追問。

「還沒輪到你，你不用太著急。」張容站到椅子上，雙手插腰，向下俯瞰著我。

不錯，是個「臨」字！

妥

字從何處發生？究極而言，實無定處。只是人年紀越大一點，似乎越不能忍受一個熟悉的字竟然有著全然不同於幼學所知的來歷——這事要從我自己的反省說起。楊德昌拍《獨立時代》那年（1994），我已經三十好幾了，某日赴拍片現場找他洽談上電視節目宣傳的事，他人不在，我問副導余為彥：「楊導呢？」余為彥四下略一環視，忽然想起來了：「喔，在後面樓梯間，妥一下。沒辦法，實在撐不住了。」

我字字聽得真切，卻不明白「妥」為何義？唯其比合上下文猜測，楊德昌和劇組日夜趕工，精神不濟，現在趁空躲在樓梯間睡覺了。然而，是這個「妥」字嗎？

不久之後，我在任教母校的走廊上遇見教文字學的學長，趕緊問一聲：「有沒有發音是『妥』的字，有睡覺或小睡片刻的意思？」學長想了很久，表情比我還困惑。他說要查書，查到我們都忘了這事。

我自己也懶得隨手查書。許多年過去，又在不同的場合遇見些製作流行音樂的朋友，仍舊是不意之間聽見某人熟極而流地迸出一句：「妥得好好的，偏給你們挖起來！」甚至還有詞彙：「我就是要妥條，別的什麼都不管了！」在言談間能夠自然運用此字以表「睡」意的人有一個共通點：他們都有出身眷村的成長背景——雖然我也是國防部眷舍子弟之一員，但是，本村的孩子似乎從來沒用過這個字，我們睡就睡了，不「妥」。

是的，在某些村子，「妥」就是睡，「妥條」就是睡覺，殆無疑義！不過，為什麼呢？直到有一個假日，我躺在長椅上看書，看著看著，打了個呵欠，忽然聽見自己冒出一句：「不行了，得妥一下！」

「你說什麼？」張容問。

「我說我要睡一下。」

「你剛才不是這樣說的。」

「我是這樣說的。」

「你不是。」

「我說『我要妥一下』。」

「你為什麼要這樣說？」

行了，別妥了。查書去吧。

一個很古老的字。在甲骨文裡，我們看到一隻大手壓制著呈跪姿的女人。的確，在《詩經》、《禮記》裡，都以「安坐」來作為妥字的解釋。那是因為女人都不能好好地坐，而必須以手安之嗎？俞曲園卻引《禮記．曲禮》中那句「役於婦人」的疏文強解出「婦人能安人」的意思，說什麼伺候老人（七十歲以上）得靠婦人才稱手。這一解用本字字形說是不通的，因為大手明明是加之於婦女，怎麼會是女子看顧老人而「疾痛屙癢均宜搔之」呢？倒是在《說文．段注》之中，我們讀到：「安，女居於室；妥，女近於手。好女與子妃（此處的『妃』是動詞，作匹配、交合解），皆以『男女、人之大欲存焉。』」這話看來是把「安妥」往男女之事上推進了一步。於是古文字學者李敬齋才會這樣解釋「妥」：「綏也，女不安，抑而靖之，从爪、女會意。」好像是說，「妥」之所以有「安適」之義，唯有用最粗俗的現代語「把女人搞定了」才能說明。

文字學家不會這麼教人，我也不好用這個解釋教孩子。好像一旦涉及了「男女、人之大欲存焉」的「兩個人睡」，就不夠敬惜文字，也褻瀆了造字的古人似的。於是我闔上書本，說：「睡著了，舒服了，就妥當了。」我告訴自己，那個「从爪、女會意」的細節，不關我的事——我還是一個人「妥」好了。

哏

哏（音ㄍㄣˊ），是個很年輕的字。據我大膽估計，其壽命還不到一千年，但是很可能就要死了，而且這字的死亡，還會使得另一個字多出一個新的意思來。

先就「哏」本身來看，它的本義和「很」或者「狠」是一樣的，既有「過甚」之義，也有「凶惡」之義。

以「過甚」義言之，例句如此：《元典章．工部三．役使》裡面有一段和今天我們所使用的大白話相去不遠的文字，是這麼說的：「如今吃飯的人多，種田人少有，久已後哏不便當。」（見《漢語大詞典》）。另外，以「凶惡」義言之，例句如此：元曲〈救風塵．第三折〉裡有一段家暴的場面：「則見他惡哏哏，摸按著無情棍，便有火性的不似你個郎君。」

在表達以上兩個意義的時候，「哏」的讀音與「很」、「狠」無別。

我們只能就現存的文獻看出，「哏」字雖然攔取了「很」字和「狠」字的意義，但是並沒有取而代之。「很」字還是繼續維持它「過甚」的意義；而「狠」字則在「凶惡」之餘，偶爾也搶著表現「過甚」之義。像在《儒林外史》、《官場現形記》之類的小說裡，「大膽得狠」、「狠有錢」之類的話屢見不鮮，我們用字人也習以為常，不把它看成錯字。

讀作「ㄍㄣˊ」的「哏」是元代以後才出現的俗體字，斷不至於在初出現的時候就已經具備了日後所表達——有趣、滑稽以及笑點——的意義。從曲藝表現形式上可以常見，對口相聲裡主述搞笑的一角謂之「逗哏」，呼應襯托的一角謂之「捧哏」，「哏」這個字在北方方言裡可謂「俗白得狠」，根本不是一個生字，但是到了台灣，地方文化裡沒有這種形式，語言中就沒有這個符號，生小不聽相聲的孩子長大之後也許還認得 stand-up comedy 的字樣，卻聽不懂老相聲藝人或者是藉由曲藝中的術語來表達「好笑」、「可笑」之義的「哏」字了。

人們不認識「哏」字、卻又聽見有人發出了這個字的字音，從上下文判讀，猜想大約是「好笑」、「可笑」之義，於是，既不願意當場求問，也不願意事後查找，卻滿心害怕在俗用語言上落伍，想要跟著他人捕捉那個字音，並表達「好笑」、「可笑」之義的人該如何是好？這種人只能想像一個音近的字，並且猜測它就是原字。不過，這種情況只能訴諸個別的心理，無從風行普及，真正推廣者另有其人。

以傳播媒體的現況推之，我可以更大膽地估計：就是出於電視公司聽寫字幕的人員「無知的創造」，我們如今才會經常將該寫成「哏」的字，寫成了「梗」字。無知、懶惰且望文生義的不只是這些聽寫字幕的人員，還有上節目以及看節目的演藝人員、名嘴和傳媒受眾。大家不需要通過考試或學歷認證，非但將「哏」誤認並錯寫成「梗」字，還硬是使得「梗」字居然有了「好笑」、「可笑」之義。

然而在這件事上，我並不想賣弄文字學的知識來嘲笑他人的無知懶惰，反而看見了一個活生生的、「訛字自冒為假借」的例子。以往在文字演變的歷史上，我們讀過許多字形相近、字音相同、字義相通，但是原本很可能只是便宜簡化或一時誤寫，久而久之，人人從眾，遂致積重難返的例子；但是我們很少能如此明顯地眼看著一個錯字取代了正字，並且在可以輕易追蹤其來歷、理解其謬誤的情形下，目睹所有的人寧可唸錯字而九死未悔——這，真是令人嘆為觀止！

帥

我在瑞典漢學家林西莉（Cecilia Lindqvist）的《漢字的故事》裡讀到關於「獸」這個字的解釋的時候，有豁然開朗的感覺。原來字形左側就是一個彈弓——中間是一條細長的皮索，兩頭繫著圓形、大約等重的石球（「單」這個字上方的兩個「口」）。尤其是從一張表現石器時代人類獵鹿情景的繪圖裡，我們得以清楚地發現：先民如何甩拋擲索石、絆倒奔踶突竄的獵物。林西莉對於「單」（索石彈弓）的發現，讓我想起三十年前第一次上文字學課的情形。

黑板上寫著「率」、「帥」兩個字，解釋中國字裡同音通假的原理。其他的細節我大都忘了，就記得當教授用許慎《說文》裡的文字說明「率」的意義之際，好像忽然之間為我擦去了蒙覆在中國文字上的塵垢。我們今天在許多語詞中發現「率」這個字的功能和意義，像「帶領」、「勸導」、「遵行」、「楷模」、「坦白」、「放縱」、

「輕易」等等，但是回到許慎那裡，這個字原來就是「一張兩頭有竿柄的捕鳥的網子」。教授說，但是並沒有寫在黑板上：「率，捕鳥畢也。」

「『畢』又是個什麼東西？」當時，坐在我旁邊的曾昭聖一邊用他那筆娟秀的楷書記筆記，一邊小聲問我：「是畢業那個『畢』字嗎？」

「應該是吧。」我是用猜的，因為印象中讀音作「畢」的字裡面，也只有這個字的形象是能捕鳥的。

不需要太長的時間，我們在課堂上讀熟了這些經常用來解釋六書原則的例字，對於作為「長柄的捕鳥網」的「率」和「畢」，似乎又恢復到視而不見的認知習慣——它們再度淪為「表意的符號而已」，不再像一個藉著「率」字憑空跳出來的捕鳥圖一樣，向我傳達一個陌生而新鮮的世界的影像。

也許我過於鄭重其事，但是，的確直到我「教孩子認字的生命階段」開始，這一個一個的字才似乎又一筆一劃塗抹上鮮活的質感。或者該這麼說：我並不是在教孩子們認字，而是讓自己重新感知一次文字和世界之間初度的相應關係。

三天前學校課輔班一位負責照看孩子寫功課的老師跟我說：「張容的字，實在寫得太醜了！真的很想叫他全部擦掉重寫。」我唯唯以退——直覺是因為孩子對「字」沒有興趣。

回家之後，我找了個題目跟張容談字的「漂亮」、「好看」和「帥」。他承認，是可以把字寫整齊，但是那樣太花時間，「會害我沒有時間玩。」

「如果把你學過的每一個字的構造、原理還有變化的道理都像講故事一樣地告訴你，會不會讓你對寫字有多一點點的興趣呢？」

「不會。」他立刻堅定地回答。

「為什麼？」

「這跟懂得字不懂得字沒關係，跟你講不講故事也沒關係。我知道我的字寫得很醜啊！」

「你會想把字寫帥一點嗎？」

「我想把字寫得讓人看懂就可以了。」

「你不覺得字寫得漂亮一點、好看一點，自己看著也舒服嗎？」

「就跟你老實說吧——」張容說：「帥的人很好，會比較喜歡他；帥的字沒感覺，而且很浪費時間。這樣你懂了嗎？」

「你的意思就是要先玩夠了才會去練習寫字嗎？」

張容慎重地想了一下：「你這樣就懂我的意思了。而且你一定要相信我：我總會有玩夠的時候。」

鬼

有些字實在離我們遠去了。你看到它們，會因為太陌生而產生好奇，試著唸它的上邊兒，試著唸它的下邊兒，或者左邊兒右邊兒；心存一些些僥倖，彷彿是有極其微小的可能誤打誤撞地說對了。不，他們其實比你失去聯絡四十年的小學同學還難以辨認。它們離開了常人常識的世界，要人花心思去認得這樣的字，有一點接近去為鬼唱名的意思。

然而有些人一向相信：鬼的確是存在的。它們悄悄溷跡於人間，甚至為人間之驅使者所運用，多半隨時生活在你我的周遭，但是形貌音容不能為生前交親之人所復辨，其孱愻可想而知。

字也是如此。一旦那意義的需求存在，人人能言之道之書之解之，則彼字一息尚存，吾人永矢弗諼，活上個幾千年，也司空見慣。然而短命甚至夭壽的字，若非「假鬼道以續命」，恐怕就只有留待那些泥古成癡的人去把玩、欣賞、惋嘆了。我父親在我很小的時候就警告過我：「某字某字所從來不易，若不善加珍攝，眼見就要一命嗚呼了。」父親用的是一種玩笑語氣，說的是一個個不起眼的僻文奇字，聽在耳朵裡，卻頗令年少的我油然而生憑弔不捨之感。

「假鬼道以續命」就是父親打的比喻。那是因為有一回我問他：「『打破砂鍋問到底』是什麼意思？為什麼打破了砂鍋要問到底？」

答案一點兒也不新奇：「璺（音「問」）到底」實是「打破砂鍋」的隱語。自從出現了「璺」這個字以後，它從來沒有過別的意思，所指即是陶瓷玉瓦石骨一類器皿上出現的裂紋，在託名為揚雄所寫的漢以前古地域詞彙書《方言》裡，有「器破而未離謂之璺」，到了唐代的孔穎達注《尚書．洪範》的時候，還能明確說出：古人用燒灼龜甲的方式作占卜，解釋占卜結果的依據，就是龜甲上能夠出現五種「璺拆」的形狀——「其璺拆形狀有五種，是卜兆之常法也。」

隨著古代封建制度的崩潰，占卜的形式在中古以後徹底改變了，更多不同階層的人參與了占卜事業，也發明了許多新的占卜方法，使能得到更快捷簡單的答案，以及架構更豐富玄邃的解釋系統，這燒灼龜甲的勾當就此算無聲無息地結束了。沒有人能夠辨認「璺拆」，也就沒有人在乎燒灼龜甲而顯現的裂痕還能兆個什麼東西了。上帝與時俱化，掌握更新的溝通工具——宜哉璺之亡也。

但是在民間代代相傳的地方語言裡，璺恐怕一直未曾遠離裂紋之義，「打破砂鍋璺到底」乃經驗常識——砂鍋質脆，一觸即裂，這是一句不消多作解釋的廢話。但是作為一句歇後語，用「璺」以射同音字之「問」，加之還兼具打破砂鍋的小小暴力，就顯得問出一個究竟的堅決程度了。

然而已死之字不容易復生，可憐這個裂隙之義的本字「璺」果然與大多數的國人無緣，在我多年來亂數隨機查訪之下，能寫出此字來的人寥寥無幾。我是直到最近才摸索出原因的——

當我跟快滿六歲的張宜說：「來，跟爸爸學一句『打破砂鍋問到底』的道理吧！」

「為什麼？」

「你沒聽說過『打破砂鍋問到底』嗎？」

「是『打破砂鍋你要賠』吧？哈哈！」

我還是一筆一劃教了她這個可以畫出會意圖像的字來，言語間還不時地表演出森森然的妖靈之氣：「一個像鬼一樣的字唷！像鬼唷——」

等我把這「舋」和「問」兩字說得不能再清楚之後，張宜說：「你又不是在學校，幹嘛這麼有學問吶？哈哈！」

「舋」這種鬼字沒人關心，因為大家都知道：出了學校就什麼都不必學也不必問了。

恆河沙數

七歲的兒子數學考了六十九分，他說：「你以前不是都考零分的嗎？」我說你不能跟我比。能比、還是不能比呢？這是一個比哈姆雷特的天問還難以作答的問題。我自己學習數學的興趣完全被打消掉的那個情境至今歷歷在目。小學二年級的一次月考，我的數學考了八十六分。當時全班考一百分的佔了一多半，我被老師特別叫進辦公室，站在混合著酸梅味兒的油墨紙張旁邊給敲了十四下手心。老師的理由很簡單：不應該錯的都錯了，全是粗心的緣故，為了記取教訓而挨幾下。所以一百減去八十六等於十四、一百減去十四等於八十六，這是我用膝蓋反射都會作答的一個題目。

我要不要為了讓孩子記取粗心的教訓而給他來上三十一下手心呢？To be or not to be？我猜想一陣疼痛並不能討回幾分細心的——起碼我自己到現在還是經常丟三落四，而四十多年前挨了打之後能記得的頂多是老師辦公室裡瀰漫著酸梅一般的油墨味兒。

我能做的只是小心地問一聲：「考這個分數會不會讓你對數學沒興趣了？」

「不會啊！」他說。

「為什麼？」

「我還想知道什麼數字最大，比一萬還大。」

「十萬就比萬大了，你不是學過嗎？個十百千萬十萬——」

「再大呢？」

「十萬、百萬、千萬，一樣進位進上去。」

「再大呢？」

「萬萬更大。萬萬不好說，就說成『億』，從前中國老古人叫『大萬』、『巨萬』，都是這個意思，一萬個一萬就上億了，億是萬的一萬倍。」

「比億再大呢？還有嗎？」

「十億百億千億萬億，到了萬億就換另一個字，叫『兆』。」

他一寸一寸地放寬兩隻手臂，瞪大的眼睛似乎是跟自己說：「還有比兆大的嗎？十兆、百兆、千兆、萬兆，那萬兆有沒有換另一個字？」

「『萬兆』就叫『京』了。」我其實不知道我說的對不對，我只知道我的父親在我小時候是這麼教的，我甚至依稀記得，億以上的數字就有「十進位」、「萬進位」甚至「億進位」等不同的說法。究竟「億」是「十萬」還是「萬萬」、「兆」是「萬億」還是「億億」，「京」是「萬兆」、「億兆」還是「兆兆」，我根本不能分辨。但是兒子似乎無暇細究，他只對更大的數字的「名稱」有興趣。

「那再大呢？」

我的答案也是我父親在四十多年前給的答案：「那就是『恆河沙數』了。」

過了幾天，我側耳聽見這一堂數學課的延伸成果，我不算滿意，但是至少孩子忘記了六十九或一百這樣的小數字——兒子跟他五歲的妹妹說：「有一個叫作印度的國家裡面有一條很長很長的河，叫恆河。恆河裡究竟有幾顆沙子呢？你數也數不清，是不可能數得清的，就說是『恆河沙數』，就是很大很大的意思，懂嗎？」

這個妹妹在幾分鐘以後就會應用了，在遊戲之中發生爭執的時候，她跟哥哥說：「我會一腳把你踢到恆河沙數去！」

創造

偉大的造物主是如何開始創造這個世界的？我現在相信，最合理的解釋是從扭著腰肢和屁股開始的，扭著扭著，就創造了。

我兒子張容和我念同一所小學，由於是天主教會創辦的學校，很重視「世界是如何創造出來的」這個議題。四十年來，學校對於世界創造的看法一點兒沒變，我兒子把我小學上「道理課」的那一套搬回家來，為我複習了一遍。你知道的，太初有道云云，上帝工作了六天云云……

我想轉移話題，就說：「要不要認一兩個字？比方說『創』啦、『造』啦的。」

我是有備而來的：「創」這個字直到先秦時代，都還只有「創傷」、「傷害」之意。說到「創造」之意，都寫成「刱」，或者是「刅」，像《戰國策．秦策》裡說起越國的大夫文種，為越王「墾草刱邑」者是。唯獨在《孟子．梁惠王下》裡有那麼一句：

「君子創業垂統，為可繼也。」看來與「首開」、「首作」之意略近，可是仔細查考，發覺古本的《孟子》也沒有用這個「創」字，古本寫的是「造業垂統」。

至於「造」，比較早的用法也同創始的意義無關，無論在《周禮》、《孟子》或《禮記》裡面，這個字都只有「到」、「去」、「達於某種境界」或者「成就」的意思，好容易可以在《書經・伊訓》裡找到一句「造攻自鳴條」，孔安國傳解「造」為「始」（從鳴條這個地方起兵攻伐夏桀）。除此之外，更無一言及於「世界的開始」。不過，我始終認為，從「創傷」或「到某處」這個意義流衍的過程應該讓孩子們體會得更清楚。

然而，張容和他還在同校念幼稚園的妹妹關心的不是字，而是「在最早最早的時候發生了什麼事」。張容認為科學家對於宇宙起始的解釋（那個著名的「大霹靂」論述）絲毫沒有辦法說明他所關心的「起源問題」。我順水推舟說：「科學家大概也不能說明大霹靂之前宇宙的存在狀況吧？那麼我們就不討論這個問題，來討論討論字怎麼寫好了。」

「字沒有用啊，字不能解決問題啊！」他說。

「好吧，那你說，到底是誰解決了創造世界的問題呢？是科學的解釋比較合理，還是宗教的解釋比較合理？」

「如果有那樣一個大爆炸的話，總該有人去點火吧？」張容說：「我認為還是上帝點的火。」

我轉向妹妹張宜，近乎求助地希望她能對寫字多一點興趣。

「上帝在創造人類以前，總應該先創造祂自己吧？」妹妹比劃著捏陶土的姿勢說：「如果祂沒有創造自己，祂怎麼創造人呢？」

聽她這樣說，我直覺想到她這是從陶藝課捏製小動物而得來的聯想。她接著扭起身體來，說：「上帝如果沒有先創造自己的手，怎麼可能創造人呢？祂只有一個頭、一個身體，這樣扭扭扭扭——就把自己的手先扭出來了。」

練

一字多義是語言之常。在認識一個字的過程之中，我總喜歡推敲：在某字的諸多意義之中，哪一義最為常用？哪一義最為罕用？當人使用此字之時，常用之義與罕用之義是否會形成排擠？以至於使得字的一部分內容形同殘廢。有趣的是，在和孩子們說文解字的時候，某字之近乎廢棄的某義卻往往因為過於罕見而令人印象深刻。

將生絲煮熟之後經過曝曬，讓絲質變得柔軟、潔白，這個過程叫作「練」，練出來的如果已經是織就的布帛成品，也可以叫作練。反覆經過水煮、日曬的生繒由黃轉白，發出晶瑩的光芒，老古人在這裡生發了體物之情，以「練」字為反覆操演、詳熟或者是經歷過諸般世事的洗禮之後，修成了洞明通達的見識和胸襟。

字符內容的擴充是多方面的。這些引申的意義紛然出現，不一而足，有些字義的產生，甚至是基於禮教的功能——也許我們還可以倒過來想像：古代中國重視禮教發展出許多繁文縟節的禮儀，會不會是基於一種擴充語言內容的需要和渴望呢？從「練」之又是一種禮來看，似乎不無可能。

古代父母過世週年祭稱之為「小祥」。謂之「小祥」，意思就是放寬一些在守喪頭一年裡嚴格得近乎懲罰的生活限制（如「疏食水飲，不食菜果」等）。在稍微改善生活品質的內容之中，有一項就是可以穿練過的布帛，所以小祥之祭又稱為「練」。

作為父親的我終於找機會把這個「練」字說明白，實則另有目的。我希望透過對於字義發展的瞭解，孩子們能夠體會「反覆從事」的學習過程如何有助於他們的人生。我希望他們能自動自發地把字寫端正、寫工整，希望他們能自動自發地彈琴，希望他們能自動自發地學好四式游泳，希望他們能自動自發地閱讀……我太貪心，而且也太不切乎孩子們的實際了。他們是「忠實的反對練習者」——如果讓他們選一個最討厭的字，恐怕就是「練」字——他們甚至一點兒也不覺得煮過、曬過而變得柔軟潔白的絲織品衣物有什麼特別的美感。

「這樣吧，」我說：「你們自己從生活裡挑幾件非做不可的事，按照你認為的重要性的順序排出來——而且一定要包括各種學業練習。」

「彈琴也算嗎？」張容說，我點點頭。

「考試也算嗎？」他繼續問，我還是點點頭。

「每天嗎？」張宜說。

我不但點頭，還語氣堅定地答了一聲：「是的！」

答案很快地出來了。張容的排序是：睡、玩、讀、喝、吃、考、練。張宜的排序是：玩、吃、睡、喝、讀、練、考。

我自以為得計，登時板起臉道：「我看你們已經把其他的事都做完了，該做最後兩樣了。」

「不不不，」張宜縮著脖子，瞇著笑彎了的眼睛，衝我不停地擺動食指：「還早還早，還不到『練』的時候！還不到『練』的時候！」

在那一剎之間，我忽然從她的神情裡發現，她加強了語氣的那個「練」字，不是練琴、練字的「練」，而是別有所指——那個她新學會而極其罕用的「小祥」之義！

好吧，我不得不承認，這也算是一種識字的練習吧。

祭

我老記得小時候讀注音版的《封神傳》裡最迷人的一個字是「祭」。

不同於我更早學到的字義：「供奉、拜祀祖先神明的儀式」——不，不是那樣。廣成子「祭」起誅仙劍，是為了要殺妖鬼；哪吒「祭」起乾坤圈，是為了要打神將；還有三頭、三眼、六臂，身上配掛著落魂鐘和雌雄劍的殷郊——當他「祭」起翻天印的時候，連哪吒都給打下了風火輪，生擒於陣前。

殷郊！這是整部《封神傳》裡最讓我驚心動魄的一個角色：一個多年前生身母親被父親紂王剜去一眼、炮烙而死，自己也遭到再三的追殺、驅逐的皇太子。他奪命而逃，僅以身免，修煉道術多年之後，準備下山幫助姬昌和姜子牙的西歧大軍討伐紂王，卻於無意間聽信了申公豹的謠言，站到「革命軍」的對立面去，反而陰錯陽差地成為邪惡父王的爪牙。

殷郊的下場很是淒慘，他的師父、師伯甚至祖師爺們聯手展開幾面旗子，再三攔截，不讓「祭」起的翻天印落地。殷郊只得用翻天印向山中間打開一條生路（比起持杖分開紅海的摩西可是不遑多讓）。殷郊原以為這樣就能逃出天羅地網，孰料來了個燃燈道人，雙手忽地一合十，居然讓分開來的兩座山向裡夾了，恰恰將殷郊的身子擠住，單單露出個腦袋在外頭，到末了收拾殷郊的還是他師父廣成子，這狠心的師父跟一個叫武吉的幫閒推犁上山，把殷郊的腦袋犁成了一片一片，魂魄飛往封神台去也……

猶記得日後上《史記》課，當老師用「悲劇英雄」一詞形容西楚霸王項羽的時候，我腦際立刻閃出了一個三頭六臂的醜漢——那殷郊，「祭起了翻天印」，與任何人捉對廝殺都堪稱無敵，卻被「剋爛飯」犁成了一條吐司麵包，這才叫悲劇英雄呢！

「祭」，一個會意字：右邊的手捧著左邊的肉，放上祭台。這樣落實的一個動作，可會之意還有待進一步的昇華——「祭」字本義的完成不是把肉放置在禮台上就算了，還有字面之外的程序。致祭者還要點香、燃燭，讓接目可見的裊裊輕煙向無盡的穹蒼飛去。「祭」是從這個人與天的交際而轉變成一個具有「拋升」意象的字；而《封神傳》的作者則是第一個將「祭」字擴充成「拋擲」的詩人。

可惜的是，新版的注音本《封神傳》卻把這「祭」字全都改成了「拋」、「丟」、「扔」。出版編輯怕孩子不懂，卻不知道孩子原本不需要注解就能自動擴充那「祭」字的動作意義，這正是他們識字的權利。

一對從花蓮來的姐弟分別和張容、張宜年歲相當，初次見面，各自施展絕活兒準備收服對方。花蓮那弟弟說：「我是屬大鯊魚的。」張容說：「大白鯊只有六到八公尺──我是屬藍鯨的，我有四十公尺長。」花蓮弟弟接著說：「那我是屬機械龍的。」一旁的阿姨大概是想要岔開這個烽火對峙的話題，連忙補了句：「弟弟最喜歡的玩具是飛機。」張容逮到了機會，立刻夾動雙肘，學著母雞的模樣，說：「是會飛的雞嗎？」花蓮弟弟登時大哭著了──他祭起的「翻天印」落不下來，張容則有如推犁上山的廣成子，臉上露出勝利的微笑。

我事後對張容解釋「祭起翻天印」情節的時候，就用了他和花蓮弟弟之間的唇槍舌劍作例子，說：「你們小朋友就會『祭』起一些話來砸人，這樣懂嗎？」張容說：「就是亂放話嘛！當然懂啊。」

國

在澳洲東北方的廣大太平洋面上，有兩座相鄰的小島，面積不詳（實在是因為無人能予丈量之故），宣稱佔有此二島者隨即宣布了這兩座島的宗主國：「太極聯邦共和國」，由四個八歲大的孩子統治，他們共同制訂了該國的第一條憲法：「大人不可以打罵小孩。」憲法的其他內容，將隨時視四人之實際需要另行訂定。「太極聯邦共和國」的四個成員都很重要，分別是國王、宰相、元帥和將軍——張容擔任的職務是宰相，可謂一人之下、二人之上了。由於課業繁忙之故，「太極聯邦共和國」的國政一直沒有更多的發展，國王陳弈安在一次下課十分鐘的短暫政變之中被推翻，但是他隨即宣布推翻無效，於次一節下課時間舉行公投，居然又獲四票全數通過，繼續保有王權。此後天下太平無事。

回首二十多年前，我在研究所念書的時候，教授古文字學的田倩君老師曾經用「國」字解釋過社會組織的變遷。甲骨文的「國」字沒有象徵國界和土地的「口」和「一」，就是「戈」下一個「口」所形成的字符，是個會意字，顯示擁有一定武力的人民集合。從文字看，顯然認定武器或武力是僅次於人民的第二項國家條件。

發展到了金文出現的時代，國家的具體內容和精神象徵都擴充起來，「口」下一短橫，表示土地；「或」外一方圈，表示疆界。據此也可以推知，金文時代已經進入了農耕社會，人民居有定所，土地可資盤據，集體的武力則用來捍衛地權。

所有以「國」領字的詞彙，幾乎全都可以解釋成「國家所有的」之意。換言之，「國」是一個「完全所有格」的字。但凡是「國」字帶頭，底下那字皆屬其統領、掌握、命名、取捨，從國光、國師到國恥、國賊，與褒與貶，以榮以辱，大體不能出於國之範圍。

有那麼一個詞兒，原本是天地生成，無關人事，但間關輾轉，還是落入了國家機器。蠶豆，又名胡豆。唐代以及宋代初年編成的《藝文類聚》、《太平廣記》都引用了堪稱第一手資料的《鄴中記》：「石勒（另一說是石勒的侄兒，後趙的第三個皇帝石虎）諱胡，胡物改名。名胡餅曰『摶爐』，胡綏曰『香綏』，胡豆曰『國豆』。」

不論是石勒或是石虎，後趙皇帝為蠶豆改名的方法很有趣，將一個感覺上帶有歧視意味的字眼——胡——轉變成至高不可侵犯的權力來源。非但高下顛倒，而且主客對反，讓漢人之指點胡兒之人踏踏實實地覺悟：「胡」之當「國」，大矣！於是我們有了這麼一個詞兒：國豆。今天讀到國豆一詞，若是探得源流，想起後趙的處境和歷史，未免要有白雲蒼狗之一嘆——那個連蠶豆的異名都不肯放過的國，而今安在哉？

「你們那個『太極聯邦共和國』不會讓張宜參加吧？」我試探地問。

張容想了一想，勉強應聲說：「她想參加的話，得要大家投票通過才行，可是他們又不認識張宜。」

「我大概不會參加他們那個國。」張宜接著說：「我自己也有好幾個國要參加，沒有什麼時間參加他們的。」

橘

已經過了橘子結實的季節，再想要聞到新剝綠橙皮的刺鼻香味，還得等上好幾個月。孩子無意間的一個玩笑，讓我怔怔地憶起那香味，好半天回不過神來。那是因為張容在應用「入局」這個字的時候，說的是：「張宜！我要設計一個橘子讓你進來倒大楣。」

「橘子那麼小，我怎麼進得去呀？你真笨！」張宜笑著跑開了。

我盡可能擺脫了對橘子香甜滋味的懷念，在一旁插嘴了：「是有人能跑進橘子裡去的故事，你們都過來。」

那是唐代牛僧孺所寫的《玄怪錄》裡的一篇〈巴邛人〉。這個巴邛地方的人，不以姓名傳世，我們只知道他的家裡有一片橘園。一年秋霜之後，橘樹結滿了果實，大多形體如常。箇中卻有兩隻大橘子，每一個約有容積三斗的甕那麼大。巴邛人十分好奇，便叫人上樹摘下來。

說也奇怪，那麼大個兒的橘子，居然和一般的果實差不多輕重。剖開之後，每個橘之中出現了倆老頭兒，鬢眉皤然，肌體紅潤，四個人兩兩對坐，正在下象戲呢。老頭兒們身長只有一尺多，對弈之際談笑自若，橘子剖開後，一點兒也不顯害怕，依舊相與決賭。

賭完了，一個老頭兒跟戰敗的對手說：「這一局，你輸給我海上龍王第七女髮髲十兩、智瓊額黃十二枝、紫絹帔一副、絳台山霞寶散二庾、瀛洲玉塵九斛、阿母療髓凝酒四鍾、阿母女態盈娘子躋虛龍縞襪八緉，後日到王先生青城草堂還我。」

另一個老頭兒接說：「王先生答應要來，竟等不到——說起這橘中之樂，還真不亞於商山呢！可惜不能夠深根固蒂，被個蠢東西給摘下來了。」

又一個老頭兒說：「我餓了！來吃點兒龍根脯吧。」隨即從袖子裡抽出一枝草根，方圓約可寸許，形狀宛轉，像一條比例勻稱、具體而微的小龍。這老頭兒說時還真掏出一把刀子來，一刀一刀削那龍草吃，而「龍根脯」隨削隨長，也不見消損。吃完之後，老頭兒忽然噴了一口水，把那「龍根脯」噀成一條巨龍，四個人便一起騎乘而上，但見腳下的白雲泄泄而起。須臾之間，風雨晦暝，轉瞬即不知所在。巴邛這個地方的人都說：「這事兒傳了幾百年，可能原先發生於南北朝末期的陳、隋之間，但不知真確的時代而已。」

故事裡始終沒能出現的王先生之所以姓王是有趣的。「王」字不消說是統治者的代表。這是為什麼其中一個老頭兒會感嘆「橘中之樂，不減商山」的緣故。

「商山四皓」是一個常見的典故。東園公、用里先生、綺里季和夏黃公四位秦博士，原來都是那個好侮慢讀書人的劉邦所不能羅致的名賢，長年隱居在商山之中。卻因為張良的建言，由呂后「卑辭厚禮」的徵聘，成為保護太子劉盈的羽翼之師。這是漢初政局初獲穩定的一個關鍵。

但是《玄怪錄．巴邛人》的故事卻用兩顆大橘子諷刺了這四個老人的隱士面目：原來再孤高的隱者都還是能羅致到「局」中來逞一逞對博之勢，並獲取相當樂趣的。「橘（局）中之樂，不減商山」就是這樣一個感嘆。質言之：如果不是經常冒著被貶逐殺戮的危險（「但不得深根固蒂，為愚人摘下耳」）又有什麼好隱的呢？

你從孩子的身上可以看到這一點：人類生而就注定是局中人，爭勝，爭強，爭名利，爭是非，爭一切可爭之物——而所謂「隱」，幾乎要算是不正常的了。

例句：張宜：「好！現在，為了父王的榮耀，我要發動連環攻擊了！攻啊～～～半瓶醋小叮噹來了！」哥哥這時糾正她：「是半瓶醋響叮噹！」「明明是半瓶醋小叮噹！你不要亂講，以為我不知道……」

公雞緩臭屁

「增加文言文的教材比例」似乎變成了家長們對於台灣十年教改之不耐所祭出的一枚翻天印。望重士林文苑的教授先生們異口同聲地說：唯有增加文言文教材比例，才能有效提高學生們的語文競爭力和審美能力。

這事可不能人云亦云，而且說穿了會尷尬死人的。試問，哪一位教授或者作家能挺身而出，拿自己「文言文讀得夠多了」當範例，以證明提高文言文比例是一樁刻不容緩的盛舉呢？或者反過來說，這些教授作家們是要把大半生的成就當作反面教材，認定自己就是因為文言文讀得不夠，才寫到今天這個地步來的嗎？

正因為每個人的寫作成就不同——像我就認為，同在支持提高文言文比例之列的余光中和張曉風兩位，根本不是一個等級的作家，而李家同與文學的距離恐怕比我與慈善事業的距離還要遠一點——這樣把古典語文教育當群眾運動來鼓吹，不是寬估了自己作為一個作家的專業論述價值，就是高估了自己作為一個公共人物的影響力；或者，根本低估了語文教育的複雜性。

語文教育不是一種單純的溝通技術教育，也不只是一種孤立的審美教育，它是整體生活文化的一個總反映。我們能夠有多少工具、多少能力、多少方法去反省和解釋我們的生活，我們就能夠維持多麼豐富、深厚以及有創意的語文教育。一旦反對教育部政策的人士用教育部長的名字要八十年前在胡適之身上要過的口水玩笑，除了顯示支援文言文教材比例之士已經詞窮之外，恐怕只顯示了他們和他們所要打倒的對手一樣粗暴、一樣媚俗、一樣沒教養。

「笨蛋！問題是經濟。」的確是選舉語言，克林頓一語點破了對手執政的困境，不是因為這是一句鄙俗的話，而是它喚起了或挑破了美國公民確實的生活感受。我們可以同樣拿這話當套子跟主張提高（或降低）文言文教材的人說：「笨蛋！問題是怎麼教。」有些時候，那種執意在課堂上強調、灌輸、醞釀、浸潤的玩意兒，未必真能得到什麼效果。

我女兒念過兩所幼稚園，課堂上居然都教唐詩，不但教背，還教吟；不但吟，還要用方言吟；不但小班的妹妹學會了，她還教給了念一年級的哥哥。我自己為了進修認字，偶爾寫些舊體詩，可是就怕我枯燥的解說挫折了孩子們對於古典的興趣，所以從來不敢帶著孩子讀詩。有一回我兒子問我：「你寫的平平仄仄平是不是就是妹妹唱的唐詩？」我想了半天，答稱：「不是的，差得很遠。」

「那你能不能寫點好玩的？」他說：「像妹妹唱的一樣好玩？」

接著兄妹倆來了一句：「公——雞——緩——臭、屁！」

直到他們同聲吟完了整首詩，我才知道，那是〈登鸛雀樓〉：「白日依山盡，黃河入海流。欲窮千里目，更上一層樓。」我趁機解釋：「依」字和「入」字是動詞，在前兩句第三個字的位置。可是到了三、四句，動詞跑到每句的第二個字「窮」和「上」了，是不是有上了一層樓的感覺呀？

他們一點兒興趣都沒有，只反覆朗誦著他們覺得好玩兒極了的一句，並且放聲大笑：「公——雞——緩——臭、屁！」

那是台語，意思是：「王之渙作品」。孩子們不要詩，他們要笑。你不能讓他們笑，就不要給他們詩。詩，等他們老了，就回味過來了。我覺得幼稚園教對了，也並非因為那是「王之渙作品」，而是因為孩子們自己發現的「公雞綏臭屁」。

城狐社鼠

有一天我練習毛筆字，想著當日的政治新聞，不覺寫下「城狐社鼠」的字樣，就順便指給孩子們看這成語裡的兩種動物。不是為了教他們什麼，而是我喜歡看他們從字裡尋找實物特徵的模樣。然而說到孩子們寫字，是會引人嘆氣的——

一個七歲的孩子能把字寫得多麼好？我所見者不多，就不能說了。但是相對而言，一個七歲的孩子能把字寫得多麼糟？我可是天天都在見識著的。有一回我實在忍不住，跟張容說：「你寫的字，我真看不下去。」

他立刻回答：「我知道啊！」

「你是怎麼知道的呢？」

「老師也是這樣說的。」

他的老師頭一次撕他的作業本子的時候，我非常不諒解。擔心這對他的信心會有很大的傷害——雖然直到此刻，我還不能確認那樣一把撕掉好幾張作業紙會是完全無害的——但是我相信另一端的論理更糟，而且偽善。一位知名的科學研究工作者兼科普作品翻譯者曾經發表了一篇文章，大意是說，沒有必要逼著孩子把字寫好。她的理由很多，其中之一是：「反正現在連手機按鍵都能輸入中文了，何必還堅持手寫文字呢？」

我之所以能拜讀到她這種怪論，恰恰同撕作業本事件有關。當我向學校反映「老師不該撕學生本子」之後，學校教學輔導單位大概也覺得應該有另類的教學作為或想法來跟個別的老師溝通，於是發下了這樣一篇文字，讓老師和家長都參考參考。可是當我讀完了這篇大作之後，反而嚇得手腳發軟了起來——直想在第一時間向我原先抗議的那位老師道歉。更不期然頂著科學研究之名的學者，對於教育鬆綁的實踐，竟然已經到了這樣令人髮指的地步！

這讓我想起來同一個邏輯之下的另一批人：人本教育基金會算是指標了，他們當道了這麼些年，所搞的那一套，說穿了就是「不作為的隨機應變」。這樣的教育工作者先凝聚一批彼此也摸不清教育手段究竟伊於胡底的「清流」，大夥兒殊途同歸地修理各式各樣具有強制訓練性質的教育傳統和策略，反正打著「不打孩子」的大旗，就像是取得了進步潮流的尚方劍。如此，這批人士結合了種種具有時髦政治正確性的社會運動者，推廣著一套大人發懶、小孩發呆的野放教育哲學，「森林小學」因之而流行了一整個學習世代，大約不能說沒有發跡。

可是這種機制發展到後來，要不要賣教學產品呢？當然還是要的——恐怕這還是早就設計好的願景呢！建構式數學教材賣翻了，孩子們的數學能力反而更加低落。家長們最困擾而不願意面對的是：孩子成了肉票，家長當上肉頭。那些個主張快樂學習的改革者全成了白癡教育的供應商，每隔一段時間還不忘了跑出來摘奸發伏，說某家某校又在打孩子；偏也就有主張鞭刑教育的混蛋，還真給這種單位提撥媒體曝光的機會。

這就是「城狐社鼠」。表面上說，是藉著權勢為非作歹的官僚或貴戚，人們投鼠忌器，也就縱容無已。更深微的一點是：這些混蛋所倚仗的城、社有時未必是一個政黨或政治領袖，而是誰都不肯多想就服膺了的公共價值；比方說，不可以打孩子。

要知道，打著不打孩子的招牌，還是可以欺負孩子的。就像打著科學的招牌，居然會輕鄙書寫活動一樣，大模大樣欺負著我們的文化。

對話觔斗雲

孩子的每個疑問一旦問到最後，大人總只有一個答案：「我不知道。」我相信在幾十年後，我的孩子一定會想起：他爸爸什麼都不知道。

直到我要告訴張容「觔斗雲」是什麼之前，並不太認識這個「觔」字。只記得在古書古語之中，它有時同於「筋力」的「筋」字；有時同於「斤兩」的「斤」字。俗說的「翻跟斗」、「栽跟斗」、「栽跟頭」也讓「觔」和「跟」有了可通之意。稍稍翻查翻查，頂多瞭解唐人的記載中，「觔斗」寫成「觔兜」，似乎與今人的語感沒什麼關係。張容想知道的是「觔斗」跟「雲」是怎麼結合起來的？這似乎不是一個單字的問題。

當初在《西遊記》第二回中敘道：「靈台方寸山、斜月三星洞」裡的須菩提祖師讓悟空表現所學，悟空「弄本事，將身一聳，打了個連扯跟頭」——所謂「連扯跟頭」，就是今天的連續空翻吧？——祖師說：「我今只就你這個勢，傳你個『觔斗雲』吧。」小說裡接著按下個伏筆，讓祖師其他的弟子們一個個嘻嘻笑道：「悟空造化！若會這個法兒，與人家當鋪兵、送文書、遞報單，不管哪裡都尋了飯吃。」

悟空畢竟沒有創立「宅急便」這一行，但是張容恰恰也因悟空眾家師兄的笑謔，而在爾後的故事裡平添了疑惑：「為什麼悟空不能用觔斗雲載著大家一起去西天取經呢？這樣不是很省事嗎？就算一次載不了那麼多，也可以分一批一批地去呀？」

我說：「這麼省事哪兒還來那麼多故事呢？取經的路上東玩玩、西看看，碰上了妖怪抓來扁一扁，不是很有意思嗎？」

「你是說『過程比結果重要』，對不對？」

「這是陳腔濫調，我沒說。」

「那為什麼不可以用觔斗雲去取經？」

「你看悟空學道的地方，叫作『靈台方寸山』，『靈台』、『方寸』，意思就是我們每個人的心，所以孫悟空練的是一個心法，他練的不能用在你身上，也不能用在我身上，也不能用在唐三藏身上——」

「也不能用在豬八戒身上，」他說：「豬八戒太胖了。」

「你明白意思就好。」

「為什麼孫悟空的心法不能用在別人身上？」

「每個人的心法都不能用在別人身上。像觔斗雲，是因為孫悟空原來就會翻『連扯跟頭』，一跳離地五、六丈高，所以將就他原來這個『勢』，須菩提祖師才傳了他這個心法的，所以也只有他能學到『觔斗雲』。」我以為這樣說他就應該滿意了。

「那現在學校裡為什麼不教我們『心法』？」

「我不知道。」

命名

我所認識的幾個小孩子都曾經「虛構」過自己的朋友。朱天心的孩子謝海盟是其中的佼佼者——她創造出來的小朋友「寶福」一直真實地活在父母的心裡，直到幼稚園畢業典禮那天，朱天心向老師打聽「寶福」的下落，甚至具體地描述了「寶福」的長相和性格特徵，所得到的回應居然是：「沒有這個孩子。」做媽媽的才明白：女兒發明了一個朋友，長達數年之久。

我自己的女兒給她的娃娃取名叫「蔡佳佳」，蔡佳佳的妹妹（一個長相一樣而體型較小的娃娃）則取名叫「蔡花」。我和她討論了很久，終於說服她「蔡花」這個名字不太好聽，她讓步的底線是可以換成「蔡小花」，可是不能沒有「花」。理由很簡單：已經決定的事情不能隨便更改。「蔡小花很在意這種事情！」——這裡有一個值得注意的小分別：雖然「蔡花」只不過是個玩偶，而「蔡小花」已經具備了充分完足的性格。

就在這一對姐妹剛加入我們的生活圈的這一段時期，女兒對她自己的名字「張宜」也開始不滿起來。有一天她忽然問我：「『ㄆㄠˊ』這個字怎麼寫？」我說看意思是什麼，有幾個不同的寫法，於是順手寫了「袍」、「刨、」「庖」、「咆」，也解釋了每個字的意思。她問得很仔細，每個字都看了一遍又一遍，最後慎重地指著「庖丁」的「庖」說：「這個字還不錯，就是這個字好了。」

「這個字怎麼樣了？」

「就是我的新名字呀！」

「你要叫『張庖』嗎？那樣好聽嗎？」我誇張地搖著頭、皺著眉，想要再使出對付「蔡花」的那一招兒。

「誰要姓『張』呀？我要姓『庖』，我要叫『庖子宜』。」

她哥哥張容這時在一旁聳聳肩，說：「那是因為我先給我自己取名字叫『跑庖』，所以她才一定要這樣的，沒辦法。」

「我給你取的名字不好嗎？」我已經開始覺得有點委屈了。

「我喜歡跑步呀，你給我取的名字裡面又沒有跑步，我只好自己取了。這也是沒辦法的事呀！」

我只好說「庖」不算是一個姓氏，勉強要算，只能算是「庖犧」（廚房裡殺牛？）這個姓氏的一半。

「『廚房裡殺牛』這個姓也不錯呀？總比『張』好吧？」張容說。

「我姓張，你們也應該姓張，我們都是張家門的人。」

「我不要。」妹妹接著說：「我的娃娃也不姓張，她姓蔡，我也一樣很愛她呀。姓什麼跟我們是不是一家人一點關係也沒有。媽媽也不姓張。」

他們談的問題——在過去幾千年以來——換個不同的場域，就是宗法，是傳承，是家國起源，是千古以來為了區處內外、鞏固本根，以及分別敵我而必爭必辯的大計。然而用他們這樣的說法，好像意義完全消解了。

「你也可以跟我們一樣姓庖呀？」妹妹說。

「你就叫『庖哥』好了，這個名字滿適合你的。」哥哥說。

「對呀！滿適合你的。」庖子宜接腔做成了結論。

淘汰

張容放了學，見到我的第一句話是：「今天有世界盃嗎？」他的意思當然是足球賽的電視轉播。我把當天的賽程告訴他，並且堅決地說：不論戰況怎麼樣，你只能看十五分鐘。即使這樣說著，我心裡頭還很篤定：這小傢伙根本不可能撐到開賽的。可是看來他也和我們絕大多數從來不關心足球、四年湊一度熱鬧、卻號稱是球迷的人一樣，並不特別在意賽事，他在意的是：「今天要淘汰哪一隊？」

我說：「不知道迦納和巴西誰會被淘汰。」

「我今天被淘汰了。」張容漫不經心地說。話雖如此，語氣卻顯得十分興奮。

「怎麼淘汰的？」我脫口而出，立刻想到了剛剛舉行過的期末考試，便轉個念頭，跟自己說：不要追問下去，不要顯露出在意的樣子，不要覺得他就此失去了競爭力，以及「根本不要把小孩子的考試當作一回事」。你知道的，這種自己給自己開的安慰劑份量永遠不夠。

張容則好整以暇地說：「為什麼出局啦、不及格啦、被打敗啦，這些要說『淘汰』呢？桃太郎不是很厲害嗎？」

「『淘汰』和『桃太郎』用字是不一樣的。」

中國老古人在「乾淨」這一方面的要求是有非常複雜的配套系統的。「淘汰」之廣泛地應用於人事之甄別裁選是唐代以後才見到的用法，方此之前，所謂的「淘汰」是用水洗滌、過濾雜質的意思。由「淘汰」二字從水可知，滌污除垢所需之水也得有所揀擇，要之能淘洗骯髒者，必須是活水，茅屋簷霤之水、東流不竭之水等皆是。用活水洗去不潔是本義，行之既久，便將意思轉成了在比較之中篩去不夠好的材質，甚至對手。

「但是被淘汰的並不一定就是不好的。有的時候一場競爭下來，說不定是因為一些設計不完整的競賽規則，或者是錯誤的裁判，使得競爭的人被冤枉淘汰掉了。」我已經習慣了凡事打預防針，在孩子可能神喪氣沮之前活絡活絡氣氛，鼓舞鼓舞精神。

「我知道，有的時候一不小心就被淘汰了。」

我猜想又是國語考試的注音。張容一連幾次總是在老師考造句的時候把「冰淇淋」注音注成「彬麒麟」。我說：「既然你沒學過怎麼寫『冰淇淋』，可不可以在造句的時候寫別的東西呢？」他的答案是不行，因為考試的時候就很想吃冰淇淋，並不會想別的。這時，我故作輕鬆地問：「還是寫了『彬麒麟』，對嗎？」

「什麼？」

「你不是說被淘汰了嗎？」

「可是沒有什麼冰淇淋呀！」

「那是哪一科被淘汰了呢？」

「沒有哪一科呀！」張容說：「今天我們體育課和愛班打躲避球，我一個不小心忘記球在哪裡，背上就挨了一球，被淘汰出局了。」

他妹妹這時在一旁放了支冷箭：「唉！不是我說你，你總是這樣不小心。還有你——」她指指我：「你總是這樣窮緊張。」

做作

我上小學的時候，國語老師教導過一個分辨「做」和「作」的方法。所為者，如果是個實體可見之物，則用「做」——像「做一張桌子」、「做一把椅子」之類；如果是抽象意義的東西，就用「作」——像「作想」、「作祟」。那麼「作文」呢？課表上的「作文課」從來沒寫成「做文課」，所以明明是一篇具體可見的文章，還是要以抽象意義想定。

上了中學，換了老師，又有不一樣的說法了。「做」，就是依據某些材料，製造出另一種實物。「作」則不一定有具體可見的材料，往往是憑空發明而形成了某一結果。這樣說似乎比小學時代所學的涵蓋面和解釋力都大一些。但是也有不盡能通之處。比方說，我們最常使用的一個詞兒：「做人」，如果按照中學老師這個說法，則此詞只能有一種解釋，就是健康教育課本第十四章沒說清楚的男女交媾而生子女之意。那麼我們一般慣用的「做人處世」就說不通了。

要說難以分辨，例子實在多得不勝枚舉。比方說：「作客」還是「做客」？杜甫的〈登高〉：「萬里悲秋常作客，百年多病獨登台。」〈刈稻了咏懷〉：「無家問消息，作客信乾坤。」可是無論《水滸傳》或者《喻世明言》這些小說裡提到的相近之詞，都寫成「做客」。總不能說出外經商就是「做客」，流離不得返鄉就是「作客」吧？

再一說：「作對」有為敵之意，有寫對聯之意，這兩重意義都可以用「做對」取而代之。這一下問題來了：古書上、慣例上從來沒有把結親寫成「做對」，可是在舊小說《初刻拍案驚奇》裡，也有這樣的句子：「至於婚姻大事，兒女親情，有貪得富的，便是王公貴戚，自甘與團頭作對；有嫌著貧的，便是世家巨族，不得與甲長聯親。」那麼為什麼結親之事不能也「做」、「作」兩通呢？

「作賊」、「作弊」、「作案」，一般都可以寫成「做賊」、「做弊」、「做案」，可是「作惡」、「作惡多端」常見，而「做惡」、「做惡多端」似乎不常見，看樣子也不能以行為之良善與否來算計「作」、「做」兩字之可通用與否。在較完整的辭典裡你總會找到「做親」這個詞條，意思就是結婚、成親，可是絕對找不到「做贅」——

要男方贅入女方之門，得同「作嫁」一般講「作贅」。同樣是結婚，差別何以如是？

「作福」是個來歷久遠的詞，《書經．盤庚上》即有：「作福作災，予亦不敢動用非德。」福可以作，那麼壽可作乎？大約是不成的，小學生倘或把該寫成「做壽」（辦慶生會）的寫成「作壽」，嚴格講究的老師會以筆誤論處，那是這孩子自作自受。

說到了學校裡的教學，我就一肚子火，我們的教學設計似乎很鼓勵老師們把孩子們「逗迷糊了之後」，再讓他們以硬背的方式整理出正確使用語言的法則。比方說：「A、作一；B、作揖；C、作料；D、作踐；E、作興」上述哪一個詞中「作」字的讀音同「做」？（答案為A，語出《管子．治國》：「是以民作一而得均」。B為第一聲，C、D、E皆為第二聲。）

你不是國文科專業，你傻了。程度好一點兒的會在A和D之間選一個，程度泛泛的瞎矇範圍就大一點好了，了不起是五分之一的機率。

我跟我家七歲和五歲的小朋友解說「作」和「做」這兩個字的時候，是先告訴他們：這兩個字都各有十幾個意思，「作」的諸意之中有一個意思是「當做」，有一個意思是「做為」；而「做」的諸意之中有一個意思就是「作」。這是什麼意思呢？意思就是：

這兩個先後出現差了將近一兩千年的字早就被相互誤用、混用成一個字了。我們只能在個別習見的詞彙裡看見大家常見的用法，語言這事兒沒治，就是多數的武斷。

我區別這兩字的辦法有什麼過人之處嗎？沒有，我每一次用字不放心都查一回大辭典。兩個孩子異口同聲地說：「所以你眼睛壞了。」

夔一足

我有一個因為寫舊詩而結識的朋友，生性佻達，好侮慢人。即便是古典詩詞這麼一個小小的、彼此呴濡擠暖的圈子，也不忘隨時罵人。在職場上，此君當然也不肯隨人俯仰，故才學有份無份已不能問，總之是稻粱難謀，自謂：「蹇窘不能免俗。」於是一怒出走，看看能否到對岸十三億人陣中脫穎而出。行前把十多年來辛勤寫就的一卷詩稿付我，說是反正沒有刊刻的機會，影印送朋友，幾個知心人看看、笑笑。我到孩子放暑假才有時間一讀，隨手展卷，就笑了出來。

那是一首嘲笑他人結社寫詩的七律，其中一聯：「正樂須知夔一足，邀吟豈聚鼠千頭」。我一讀再讀，還是忍不住哈哈大笑。張容問我為什麼那麼高興，我說是好笑，不是高興。張容說，有多好笑？我幾乎衝口而出說：「你不會明白的。」但是轉念一想：為什麼他不會明白呢？

在《韓非子．外儲說左上．第三十三》以及《呂氏春秋．慎行論之六．察傳》都記載了這個故事，主旨是說對於人的言論和人格的整體理解，必須詳悉熟議，不要人云亦云。接著這兩本書舉了相同的例子。魯哀公問孔子說：「堯舜時代那個國家樂師叫作夔的，聽說他只有一隻腳，是真的嗎？」

孔子說：「那時候舜要把音樂教育普及於天下，就命令重黎推舉了一個名叫『夔』的平民。夔制定了基本音調，『正六律，和五聲，以通八風，而天下大服。』重黎又要舉薦其他的人，舜卻說：『在音樂這個領域，有夔一個人就足夠了。』所以說：『夔一，足也。』不是『夔，一足也。』」

但是，文學家往往喜歡獨排眾說，另闢蹊徑。《莊子．秋水》就利用魯哀公對於「夔一足」三個字的誤解寫下了著名的寓言：「夔憐蚿，蚿憐蛇，蛇憐風，風憐目，目憐心。夔謂蚿曰：『吾以一足，踸踔而行，予無如矣。今子之使萬足，獨奈何？』……」這個寓言當然還有精采如武俠小說中高手遞招、洄波迭起的下文，主旨就是說明「憐（羨慕）」這種情感的無窮盡、無際涯、無根由。

然而有趣的起點當然還是莊子詼諧生動地把一個謬誤「夔一足」形成了「羨慕蚿

（馬陸？）」的概念。妙的是在《山海經．大荒東經》裡，居然真的出現了這種動物：「東海中有流波山，入海七千里，其上有獸，狀如牛，蒼身而無角，一足。出入水則必風雨，其光如日月，其聲如雷，其名曰夔。」

經由不同的動機和書寫，「夔一足」這個因無知而形成的語彙有了自己的意義和……「生命」！「夔」居然真的成了個一隻腳的怪獸，在神話中呼風喚雨，光照奪目。千古以下，還可以用這個原本就是無知笑話的語詞回頭與「鼠千頭」作成單字巧對，寫出「正樂須知夔一足，邀吟豈聚鼠千頭」這麼揚揚自得、睥睨一世的句子。知者或許不多，賞者卻博趣不少，我越看越覺得故人詩句中的孤憤與戲謔都很值得一笑，忍不住叩指擊節，大笑起來。

張容聽我把這一大套說完，給了我一個「閃電麥昆」式的皺眉，說：「我覺得滿冷的，沒那麼好笑。你應該多聽相聲，相聲好笑多了我跟你說。」

翻案

孩子在五、六歲這個階段能夠忽然發展出種種令人傷心的頂嘴語法，不仔細聽，聽不出來他們其實沒有惡意——他們只是把父母曾經發表過的「反對意見」推向不禮貌的極致。頂嘴是一種具有雙刃性的革命。一來是孩子們透過語言的對立來確認自我人格的過程；二來也是考驗父母師長自己的正義尺度：我們會不會終於沉不住氣，還是用了不禮貌的方式來教導孩子們應有的禮貌呢？

台灣這些年來的大環境在極悶與極躁之間擺盪，有人說是藍綠兩極，有人說是統獨兩極，有人說是中台兩極，依我看，沒那麼偉大的極，就是頂嘴品質不佳所造成的「返童」狀態。其中最困惑的，應該就是在這幾年中開始養兒育女的父母——拿我自己來說吧：我總不能翻過臉去指出國家領導人還真是個王八蛋，而又翻回臉來跟孩子說不能夠口出惡言。然而說來慚愧，我就是這樣幹的！

有一天張容問我：「你罵總統算不算頂嘴？」

我一時為之語塞，想了好半天才說：「那是我自失身分，你不要學。」

過了好些天，張容和妹妹頂起嘴來越發俐落了。我發現他們使用的語言未必只是從父母對公共事務的抱怨嗆聲而來，他們可以自行從相聲、卡通、童話故事裡搞笑的橋段甚至驚鴻一瞥的新聞報導之中揀拾出他們所需要的「頂嘴零件」，再提煉出一種熟老而堅硬的語氣。

「難道」是其中一個萬用的零件，屬於修辭學裡「夸飾格」的領字。「難道我要一直睡一直睡都不起來嗎？」「難道我什麼都不行玩嗎？」「難道我不想吃都不可以嗎？」——是誰發明了「難道」這個幾乎沒有意義卻絕難對付的語詞？

「哪有」是另一個，意思就是「我睜眼說瞎話」。明明說錯了或做錯了什麼，即便是當下大人一糾正，孩子會立刻報以「哪有？」這時你若是指責他說謊或狡辯，少不得一場嚎啕，他變成強勢受害人，焦點便模糊了。

還有「才怪」。這兩個字真是「才怪」了，你緩步穿越過一群小孩子，在嘰嘰喳喳如雛鳥兒爭食的稚嫩嗓音之中，此起彼落的第一名一定是「才怪」。我有一次問孩子的媽：「是你經常說『才怪』、『才怪』嗎？」她說：「才怪呢！」

我開始懷疑是因為父母之間毫無惡意的拌嘴卻「示範」了一種「柔性無禮」的言談模式，於是只好更積極地跟孩子解析「頂嘴」的內容，看看是不是起碼能讓「頂嘴」既鍛鍊異議的思辨品質，又不那麼觸怒人。

當我在跟張容解釋「翻案」的意思的時候，他妹妹也湊過來聽，還一面說：「你應該等我來了一起講才對。」我當然樂意重新講一遍：「翻案」是個生命還很新鮮的語詞，明朝以後才出現的語彙，意思是刻意把大家熟悉、認可而且習以為常的話拆開來，從相反的方向去推演出不同的結論。

比方說，《孔子家語》上說：「水至清則無魚。」可是杜甫的詩卻故意說：「地僻無網罟，水清反多魚。」古來都說孟嘗君善養士，可是王安石偏說他也就只能養一群雞鳴狗盜之徒。這些都是「頂嘴」，然而卻是翻高一層認識理路的頂嘴。

「你說什麼我都聽不懂。」張宜嘟著嘴，彷彿受盡了委屈似的——這是我家頂嘴之學的另一招兒。

「你這樣算不算頂嘴呢？」我開玩笑地問。

「不算！」張宜大聲了許多。
「我覺得你這樣已經很接近頂嘴了。」
張宜還想說些什麼，可是忽然停了停，眨著眼想了想，說：「你想害我頂嘴嗎？」

不廢話

在還不到一歲的時候，張宜只能抓著筆在紙上畫著大圈兒小圈兒，並且努力解釋她畫的是什麼。那一回——我記得很清楚——她畫了一個形狀像「6」字的小圈兒，說這是雨傘；又畫了一個形狀像「9」字的大圈兒，說這是下雨。我說：「颳風了，你畫一陣風來看看。」她想了想，看看我，又看看她哥哥，搖了搖頭，生平第一次承認她也有不會做的事：「不會罷工。」——她想說的其實是「不會畫風」。

「不會罷工」此後就成為孩子和我之間的一句「家用成語」，意思是「想表達，卻不會表達」、「好像懂得，但是說不出來」。我自己還是個孩子的時候，常感受到父親對於「不能表達」這件事的焦慮和不屑。我記得有一回他正看著本什麼書，忽然漫卷而擲之，那本書就躺在他對面的籐椅上——是洪炎秋寫的《又來廢話》。過了幾秒鐘，他彎身把書拾起來，重新坐穩了，翻找到先前看到的地方，再讀了讀，似乎還是覺得不甘，搖搖頭，嘆口氣，索性指給我看，一面說：「連洪炎秋都這麼寫文章了，像話嗎？」三十年多以後，我已經記不得洪炎秋那一段文字說的是什麼，但是我永遠不會忘記父親的焦慮。

洪炎秋的社會評論專欄大白話本色當行，風格平易，經常流露出一種謔而不虐的詼諧之氣。父親經常說：「這種文章並不好寫，人要是個親切人，文章才親切得起來。」可是那一天父親看似生了文章的氣，火兒還起得不小，所為何來？不過就是一個口頭禪：「那個」。

彼時，無論是廣播電視抑或報章雜誌，的確經常出現「那個」一詞。「那個」二字所表達者，就是語本曖昧，不足公開言說，但是一旦以「那個」稱之，聽者應該就能充分會意。換言之，「那個」就是「雖然不方便啟齒，可是你一定能明白」的譴責語。例句：「你這樣想事情，實在太『那個』了。」

不知針對什麼議題，洪炎秋一句「……就實在太那個了」居然惹得父親廢書而嘆，當時我只道父親原本是個痛快人，聽不得不痛快的話；在他而言，既然發而為文，倘或語帶譴責之意，焉能不確然道出呢？這是個性強——你也可以說是脾氣大——使然，根本與洪炎秋或流行說「那個」的人們無關。

很難說父親的焦慮是不是經由基因或濡染而交給了我。我發現自己對於生活語境裡那些到處流竄、不能表達意義的廢話也始終敏感，著實不耐煩。我現在走到哪兒都聽得到各種咒語一般的口頭禪，現在我們不會欲語還休地說「那個」了，我們鋪天蓋地地說「基本上」、「事實上」、「原則上」、「理論上」、「其實」、「所謂的」、「××的部分」……而且聽著人就想生氣。例句：「蘇院長也來到了醫院進行一個所謂訪視的動作。」有時我還真為了怕聽這種咒語而拒絕媒體。我關掉電視機的時候總會跟張容說：「好討厭聽人講廢話！」

「廢話是什麼意思？」

「就是沒有意思卻假裝有意思的話——就是那個『假裝』的成分教人討厭。」

「為什麼沒有意思卻要假裝有意思呢？連妹妹都知道『不會罷工』就『不會罷工』呀。」

孩子說到了核心。孩子們是不說廢話的，他們努力學習將字與詞做準確的連結，因為他們說話的時候用腦子。再給一個例句：

我問張宜：「瀑布是什麼？」她想了想，說：「明明沒有下雨，卻有聲音的水。」就客觀事實或語詞定義而言，她並沒有「說對」，但是她努力構想了意義，不廢話——不廢話是孩子的美德。

囉唆

有一個時期，孩子們對於事物的起源極有興趣，我總懷疑那是因為他們對於自己的「出身」得不到滿意的回答，故爾旁敲側擊之故。詢問源起，往往會形成無意識的語法習慣。換言之，孩子們並不認真想瞭解某事某物之原始，但是已經問成了習慣，就會出現這樣的句子：「那第一個發明做功課的人是誰？」「上帝先創造自己的哪一個部分？」「最早學會講話的人講什麼話？」

這種習慣會把「最」這個字從「最早」、「最先」、「最初」延展到任何可堪比較的事物。「最大」、「最小」、「最長」、「最快」……以訖於「誰最會發呆」、「誰最討厭吃豬肝」、「誰最囉唆」等等。

經由一次記名投票，我和孩子的媽分別獲得「最囉唆的人」的提名，而且分別拿到相持不下的兩票。張宜和我認為媽媽比較囉唆，張容和媽媽則認為爸爸比較囉唆。

張容還附帶提出了他對於「最囉唆的人」的觀察和判準。他認為：「爸爸的囉唆是會講一大堆不必要講的廢話，而媽媽的囉唆只是講著講著停不下來，不能控制自己。所以比較起來，爸爸是家裡最囉唆的人。」而張宜認為媽媽最囉唆的理由是她不想跟哥哥選同樣的答案。

在這樣一種投票的機制裡，即使勉強打了個平手，也令我有落敗的感覺。因為我的支持者（也就是看起來並不嫌我囉唆的張宜）實在沒有盡心盡力衡量自己所投的那一票究竟有什麼價值，好像這才真是「為反對而反對」。我當下沒有申辯什麼，卻一直想找個機會跟這兩個小朋友解釋一下「囉唆」。

「囉唆」和「嘮叨」就是很平常的狀聲之詞，形容人言語瑣屑破碎，內容也沒有意義，像是只能用一堆不表任何意義的擬聲字加以諧擬，故「嘮嘮叨叨」、「囉哩囉唆」、「嚕囌嚕囌」，以至於「囉哆（音侈）」、「嘮噪」、「嘮哆」，這些個用語，上推元代的雜劇對白，下及於明清以降的章回小說，都可以找到例句。

後來我不意間發現，甚至早在宋代成書的《景德傳燈錄．澧州藥山圓光禪師》上就有這麼一段：「僧問：『藥嶠燈連師當第幾？』師曰：『相逢盡道休官去，林下何曾見一人？』問：『水陸不涉者，師還接否？』師曰：『蘇嚕蘇嚕。』」

圓光禪師所引的那兩句詩是唐代靈澈上人的〈東林寺酬韋丹刺史〉：「年老心閒無外事，麻衣草座亦容身。相逢盡道休官去，林下何曾見一人？」把這首詩的諷諭之意當作背景，細細勘過一遍，就知道圓光禪師底下的那句「蘇嚕蘇嚕」（也就是我們今天講的「囉哩囉唆」）並不是一句泛泛的應付之語或鄙厭之詞，這是禪宗法師們對於夸夸其談者專打高空的「提問」極端的不耐。

我把這段小公案跟張容說了，接著問道：「記不記得你曾經說你一點兒都不想當班長？」

「因為當選了班長就會很累，要幫老師做很多事，以後就沒有好日子過了。」

但是我知道張容並不是那麼灑然的一個孩子——我甚至可以嗅出一些些兒落寞不甘（至少當班長能蒐集到兌換玩具的榮譽卡就成為泡影了），於是便問：「雖然這樣，同學沒有選你，你會不會覺得還是有點不好受呢？」接下來我就準備要說那首戳穿矯情歸隱之思的「林下何曾見一人」了。

誰知張容忽然難過起來，反而像是被我揭發了不想面對的心事，閃著眼淚，說：

「你真的很囉唆耶！」

我想了想——的確，我真是全天下最囉唆的混蛋一個！

櫟樹父子

有個名叫「石」的木匠到齊國曲轅地方，看見一株被人建了祀社來崇拜的大樹。這樹大到樹蔭可以供給千頭牛遮陽，樹幹有百圍之粗，幹身如山高，高出十仞有餘之地才分枝椏。祀社門庭若市，人人爭睹。這木匠一眼不瞧就走過去了。他的徒弟問道：「我從入師門以來，沒見過這麼好的木材，您怎麼一眼都看不上呢？」木匠道：「算了，別提了。那是一株沒有用的『散木』——拿來做船，船會沉；做棺材，棺材會腐爛；做器具，立刻會毀壞；做門窗，會流出油脂；做樑柱，會生出蛀蟲。根本就是『不材之木』。正因為無所用、無可用，這樹才能夠這麼長壽。」

故事到這裡，似乎教訓已經足了：人如果看起來沒有什麼用世之心用世之能，渾渾噩噩的，坐享天年，大概也就是由人唾罵無用罷了。但是這株老櫟樹可不這麼想，當天晚上就託夢給木匠，說：「你拿什麼樣的木材跟我比呢？那些柤、梨、橘、柚之類長果實的樹一旦等到果子熟了，大枝挫折，小枝挫扭，連這都是因為『有點兒用處』而自苦一生，所以不能享盡天賦之壽。一切有用的東西不都是如此嗎？我追求做到『無用』已經很久了，好幾次差一點兒還是教人砍了，如今活下來，這就是大用！你這散人，還配談什麼散木呢？」木匠醒來，把這話跟徒弟說，也提到了他夢中的了悟：要求無用，但是又不能因其無用而輕易讓人劈了當柴燒，那就得發展出一種雖然不堪實用、卻能有一種使人願意保全其生命的價值。在櫟樹而言，他的策略就是生長得非常巨大，大到令人敬畏、令人崇拜的地步，所以藉由崇拜的儀式（祀社香火禮拜的活動）活了下來。

這是莊子說的故事。我讀這個故事讀了三十年，對於「非關實用的生產活動之為用」、「怎樣才算是個無用的人」自以為瞭解得很全面。直到昨天，我和張容之間的一段對話，才對「無用之用」有了新的體悟。

吃飯的時候總愛發呆的張容在發了一陣子呆以後忽然跟我說：「『現在』不是一個合理的詞。」

「為什麼？」

「因為你在說『現在我怎樣怎樣』的時候，那個『現在』已經不是『現在』了。」

我愣了一下，覺得他實在沒有必要去思考我在大學以後想了幾十年也想不透的問題，就只好說：「『現在』，你還是吃飯吧。」

臨睡前，他趴在我的床上看書，倒是我忍不住主動問起來：「你剛才說『現在不是一個合理的詞』？不合理那該怎麼辦呢？」

張容的眼睛沒離開書本，繼續說：「我覺得那些發明文字和口語的人應該更小心一點，不應該發明一些不合理的詞。」

「為什麼你要把文字和口語分開來？」

「因為感覺不一樣。」

「怎麼個不一樣法兒？」

「文字不合理會寫不下去；口語不合理就只好隨便說說，也沒辦法了。」

這一下我明白了，為什麼每一次作文裡寫到「現在」這個詞的時候，張容總是躊躇良久，不願意下筆。尤其當書寫這件事顯得有些難度而耗費時間的時候，真正令孩子關心的那個「現在」——那個應該可以好好玩耍的珍貴片刻——便已經流逝了。

「寫作文很無聊嗎？」我小心翼翼地直接跳到答案。

「沒錯！很無聊，而且一點用都沒有！」他說著，指指書，意思是希望我不要再拿這些沒有用的問題打攪他看故事書了。

我深深知道：我們父子倆最共通的一點就是我們都對看起來沒有用的問題著迷；那裡有一個如櫟樹一般高深迷人的抽象世界，令人敬畏，只是張容還沒有能力命名和承認而已。

達人

身為二十一世紀的漢語讀者，大約都會以「某一行業或技能領域的專家」來解釋「達人」這個詞，大家也絲毫不用費腦筋就會了意——這是一個近年來從類似「電視冠軍」、「料理東西軍」之類，帶有知識上、技術上諸般獵奇趣味的日本電視節目輸入的。當我們使用這個詞的時候，不免也會把它跟「professional」、「specialist」、「expert」這些字眼連結在一起。

不過，這個字的原意大約也是由中國輸出的。最早見於《左傳．昭公七年》：「聖人有明德者，若不當世，其後必有達人。」這裡的達人，可以解釋為相對於聖人的人——能夠通明（理解甚至實踐）聖人之道的人。

不同的思想傳統會把相同的語詞充填出趣味和價值全然悖反的意義來。在道家那裡，達人便成了「順通塞而一情，任性命而不滯者」（晉，葛洪《抱樸子．行品》）。

較之於儒家的論述，這又抽象了些，若要理會某人稱得上、稱不上是個達人，還得先把「性命」的意思通上一通。

在不同的作家筆下，這個詞的使用也會有南轅北轍的意義。賈誼〈鵩鳥賦〉裡的「達人」，所指的應該是性情豁達之人，起碼是跟著莊子所謂的「至人」行跡前進者。但是到了楊炯替《王勃集》作序的時候，用起「達人」來，所指卻是家世顯貴之人了。

孩子們嬉戲之時，張容偶爾會冒出來這麼一句：「你看到我的那個『達人』了嗎？」我猜那是一隻小小的「哈姆太郎」或者「彈珠超人」。有時，哥哥也會這樣跟妹妹說：「你可以不要再彈琴了嗎？你會吵到『達人』——他正在休息。」這就表示，無論是「哈姆太郎」或者「彈珠超人」都是哥哥自我投射或認同的對象。但是我一直無緣拜識：究竟哪一個小東西是「達人」？

直到有一天，我看著張容作業簿上歪斜彆扭的字跡，忽然感慨叢生，便問他：「你不喜歡寫字，我知道；可是你要想想：把字寫整齊是一種長期的自我訓練，字寫工整了，均衡感、秩序感、規律感、美感都跟著建立起來了。你是不是偶爾也要想想：將來要做什麼？是不是也就需要從小訓練訓練這些感受形式呢？」

「我當然知道將來要做什麼。」

「你要做什麼？」

「我要做一個『達人』。」

「那太好了。你要做『樂高達人』、還是『汽車設計達人』、還是『建築達人』都可以，但是要能幹這些事，總要會畫設計圖吧？要能畫設計圖，還是得手眼協調得好吧？（以下反正都是教訓人的廢話，作者自行刪去一千字）是不是還要好好寫幾個字來看看呢？」

「不用那麼複雜吧？」

「你不是要做『達人』嗎？」

「對呀！太上隱者的『答人』，你不是會背嗎？」他說，表情非常認真。

據說有唐一代，在終南山修道不仕的真隱者沒有幾個，但是太上隱者算是一個，因為他連真實的姓名都沒有傳下來。那首〈答人〉詩是這樣的：「偶來松樹下，高枕石頭眠。山中無曆日，寒盡不知年。」

張容認為如果能夠不用上學，天天這樣睡大頭覺，生活就實在太幸福了。這一天我認識了他的另一個自我：「答人」。的確，那是一隻瞇著眼睛看似十分瞌睡的小哈姆太郎。

「不要吵他，」我嘆口氣，扔下那本鬼畫符的作業簿，悄聲說：「能像『答人』這樣幸福不容易。」

「是我彈琴給他聽，他才睡著的。」妹妹說。

留名

金埴，字苑孫，號鱀鱀子，浙江山陰人。他的祖上是明代仕宦之家，父親還幹過山東知縣。金埴自己也是一位詩人，功名不遂，終其一生不過就是個秀才，以館幕謀生，十分潦倒。但是從他所留下來的筆記《巾箱說》、《不下帶編》可以見出：他是一個典型的讀書人，最足以稱道的，是曾經應仇兆鼇之請，為仇氏所著的《杜詩詳注》做過文字聲韻方面的校訂工作。而所謂落寞以終，並非主觀上多麼侘傺不堪，反而有一種惹人惋惜的恬然。

由於先父在日常讀《杜詩》，也總是注意跟杜詩流傳相關的故實，我還在大學裡念書的時候，一日父子倆說起仇兆鼇注杜詩的點點滴滴，提到了這位連「掛名共同著作」的待遇都混不上的詩人，我帶著些訕笑的口吻說金埴「老不得意，動輒抬出箋注杜詩的功德來說道，像是老太太數落家藏小古董。」先父卻從另一個角度對我說：「能夠埋頭在杜詩裡做些小活兒，這樣的人，也算『立言』了，有些及身可享的功德也未必能比得的。」

承這幾句庭訓，我對「埋名」二字有了不同的體會——早年從小說裡見「隱姓埋名」，總覺得那是「俠士高人幹些劫富濟貧的勾當」所必須的掩護；要不，就是行止之間刻意放空身段，以免徒惹招搖之譏。可從未想過心懷坎壈、際遇蹭蹬，卻能埋頭在俗見的功利之外，為值得流傳的文字做些有益於後世讀者的服務——而且決計不會分潤到任何名聲。

在已經成年之後才能體會這種跟基本人格有關的道理，我自己是覺得太遲了的。總想：不論是不是出於悟性之淺，或者是出於根器之濁，自己不論做什麼，居然總要經過一再反思，才能洗滌乾淨那種「留名」的迷思。相對於做任何事都能夠勉力為之、義無反顧、不計較世人明白與否，而又能夠做得安然坦然，自己的境界就實在淺陋難堪，也往往自生煩惱了！

我的孩子入學之後，面對各式各樣的考試和評比，其情可以想見：一群才開蒙的娃娃，個個兒奮勇當先，似乎非爭勝不足以自安。於是，我的不安就更大了：他們在人格發展上是不是一方面能夠重視榮譽，一方面又能夠輕視虛名呢？這種關鍵性的矛盾如果在立根腳之處沒有通明的認識，日後往往不落淺妄、即入虛矯，他們人生就十分辛苦了。

最近恰好遇上這麼個題目。太陽系行星的認定，有了新的標準。國際天文學會投票定案：冥王星從此除名，另以「侏儒行星」呼之。此舉令張容十分不滿，他再三再四地跟我抱怨：這樣做是不對的；投票不能決定「冥王星算不算」行星。我在前後將近一個月的時間裡分別問了他六次：為什麼他那麼相信冥王星必須「算是」一顆行星？既然投票行為不能決定客觀事實，我們只能說，這樣的投票所定義（或修正）的是人類的知識，所呈現的是人類認知的限制，於冥王星並無影響。我這當然也是老掉牙的調和之論，沒什麼深義。

張容卻堅持：「名稱是很重要的。如果說定義是人下的，可以投票就改變了，那麼為什麼不可以再投一次票說冥王星的體積剛剛好就是最小的行星的標準呢？」

我差一點開玩笑說：「你一定是受了台灣人對修憲的熱中和執迷的影響，進一步影響了你對客觀知識的判準。」

但是他說得堅定極了：「我也覺得冥王星很小，沒什麼了不起，可是行星這個『名』應該是有標準的。標準怎麼可以說改就改呢？」

我不懂天文物理，所學不足以教之，只好一再去請教我的朋友孫維新教授。但是我很慶幸我的孩子重視的不是行星之名，而是形成一個「名」的條件。

輿圖

每當我看見以某地為範圍、而標示的卻非山川道路之類地貌的時候，就會大嘆中文詞彙往往將就先入為主的使用習慣而不計意義之確然與否。「地圖」不就是這樣一個詞兒嗎？

十月上旬我從法蘭克福書展現場扛回來兩軸各有四尺多長、三尺多寬的大圖，一張是太陽系各等星運行軌道示意圖，一張是世界各地主要動物分布圖。裝裱完成，各自張掛，孩子們指指認認，自然不會認識那些用英文標示的物種名稱，於是翻查字典和百科全書，恍然大悟於動物俗名和意義之間微妙的關聯，頗成一趣。但是打從一開始就有爭議。他們稱那張「太陽系星圖」為「星星地圖」，稱那張「全球動物分布圖」為「動物地圖」。我說不對。兩者都不該有「地」字。

孩子們對於「太陽系星圖」或「星圖」這個詞的運用沒有意見，但是對於「全球動物分布圖」就覺得冗贅拗口，還是習慣稱「動物地圖」。我說這不是地圖，孩子說叫它地圖又有什麼關係。

我覺得古人稱地圖為輿圖還比較有道理呢。雖然「輿」這個字是指「大地」，由《易經．說卦》中來：「坤為地、為母、為布、為釜、為吝嗇、為均、為子、為母牛、為牝馬、為大輿……」

但是，「大輿」這個用語，顯然是中國老古人所做的一個譬喻，作為本來的字意，「輿」之為車、車廂、轎子這一類的東西必有所受、必有所載，用這個意象來譬喻大地承載一切，就生出「以天為蓋、以地為輿」的意思來。承載著許許多多東西的一片大地，名之曰輿，有何不可？正因為所指稱的是「承載」這件事，圖上所繪製的一切就未必要同地理這個概念有關，偏偏作為交通工具的「輿」，如果是指車，乾脆寫「車」字，豈不通用又好寫；如果是指「轎子」，如今誰還坐轎子呢？現實如此：輿——承載著人類一切的大地——成了個半死不活、跡近滅絕的字。只要與古人古籍無關，我們一輩子也碰不著這個字。

一張圖能帶來的世界觀當然不只一個「輿」字的感嘆。孩子們和我每天最覺愉快的遊戲之一就是面對圖上各種動物，艱難地指認它們陌生的名字。

比方說，光從字面上看，我原不知「Greater Flamingo」跟弗來明哥舞沒有關係，實指大紅鶴，原產於南美洲的秘魯、巴西、阿根廷和智利一帶，喜歡居住在淺水湖邊，之所以如此命名，是從拉丁文的「flammea」（火焰）來的。

再比方說，「Aardvark」，中文名稱叫「土豚」，是一種原產於非洲撒哈拉沙漠以南的食蟻獸，在南非白種人的語言（Africaan）和荷蘭語裡面，這個名稱的意思就是英文的「Earth Pig」，會打地洞的、長得像豬一樣的哺乳類動物。

倘或沒有這張大掛圖，我決計不會對「Lynx」這個字有興趣，就算知道這是指大山貓，也不會把牠跟我經常在古人筆記裡讀到的「猞猁皮」聯想在一起，更不會想到：原來曾經在美國當代小說裡不只一次讀到過的「Bobcat」——紅貓——也被歸為猞猁的一種。

「全世界真的有那麼多動物嗎？」張容指著圖上的 Bobcat 問我。

「當然還不只這些。全世界大概有個四、五千種哺乳類動物、九千種鳥兒、兩萬種魚、幾百萬種昆蟲。」我說：「不過全世界平均每天都有七十五個物種消失，有很多動物在你還沒認識牠、替牠命名之前，就已經滅絕了。」

「那你怎麼知道有這種動物？」張宜說。

從「動物地圖」的命名之爭開始，我發現我能答得出來的問題真是越來越少了。

秘密

秘密令人困擾，這兩個字亦然。

它們通常是連綿而成義的，卻又不像許多聯綿字那樣——如玫瑰、枇杷、尷尬之類——大體上是互許終身，很少與其他的字連結鑄詞。「秘」、「密」這兩個字分分合合，也常教用字的人以為本來就是互通無別的一個字。我小的時候有個老師，總愛將「祕」字發「ㄅㄧˋ」音，而且認為非如此不能分辨「秘」與「密」為二字。多年以後，我無意間翻磚頭字典才發現：當作「ㄅㄧˋ」字讀的時候，「秘」原先只是一個姓氏，姓氏用字總有隔於常讀的慣例，後來再作為翻譯用字，像 Peru 這個國家，寫成「秘魯」，就隨姓氏之義而讀成了「必魯」。

即使從意義的講究上說，秘字有不公開、難以理解之義；密字也有封藏、封閉的意思，看來又是可以互通的。還有就是字形上的問題。「秘」是「祕」的俗寫，但是在我求學的過程裡，有一段很長的時間，當然是受許多老師調教的結果，我居然把「秘」寫成了衣字偏旁，而從來沒有人糾正過我。有人讀我寫認字的文章，誤以為我是文字學方面的行家，便拿平時容易混淆失錯的字來問訊。

我接到的第一個「case」就是這個「秘」，陌生人寄發到電台來的傳真紙上寫著一個「衣」字偏旁的「祕」，立刻讓我感覺親切起來（他一定是我那個年代受教育的）。這位好學的人所提出的問題是：「請教此字與『秘』、『祕』、『密』有何分別？如何應用？這幾個字困擾我了我半生，似無區別，又似不能不區別。如蒙教正，無任感荷。」

我立刻在紙上寫了一首今韻打油：「祕為正寫沒人寫，秘是俗鈔先寫撇，一秘難知思未深，何如密字堅如鐵。」「秘」意之所以不公開，不令人知，實有深奧不能浮泛解說的哲學意義；而「密」則純屬加封加緘，不許外泄而已。

一旦有了秘密，人就差不多該知道自己長大了，快要有煩惱了。我最近在家裡發現的秘密令人大吃一驚。

忽一日，張容一到校就衝進妹妹的大班教室，跟那兒的張老師昂聲說：「張宜倫偷喜歡班上的李育紳。」

那位張老師立刻比了個噤聲的手勢，說：「這是我們女孩子的秘密唷！不要大聲說。」媽媽當晚在飯桌上轉述這件事，我立刻想到了該給個機會教育，就跟張容說：「人家的秘密不要隨便說，因為託付秘密是一種信賴，得到人家的信賴要扛起責任來。」接著，自不免是一大套跟責任、隱私有關的老生常談，說來沒什麼高明之處，聽得他也無趣極了。

張宜這時在旁邊忽然打了個岔，說：「沒關係呀，我希望哥哥去說。」

我說：「為什麼？那不是一個秘密嗎？」

張宜說：「秘密也沒關係。」

「為什麼？」

「因為我們班上有另外一個女生也喜歡李育紳。」

我說：「那你要哥哥說出去是為了要讓那個女生知道嗎？」

張宜說：「對啊！她最好知道。」

我說：「你有情敵了！」

接著我把「情敵」的意思跟張容、張宜大致解釋了一下。之後我問張宜：「萬一李育紳比較喜歡另一個女生，你怎麼辦？」

張宜說：「那也沒什麼呀，反正我將來長大也會交別的男朋友，也會跟別人結婚。」

送给孩子的字

寵

胡雲龍，一個名字。繡寫著這三個字的名牌掛在那愛笑、愛耍寶的士官胸前。他向父親行了個標準的軍禮，算是領受了照顧我的命令，要一路到陽明山。我們倆坐在軍用交通車的最後一排正中間，父親和母親則在另一車。我感覺被拋棄了，噙著眼淚，看著窗外向後飛掠的景物，聽胡雲龍一路吹著口琴，偶爾扯直嗓子唱流行歌——他似乎只會唱〈生命如花籃〉和〈南屏晚鐘〉。我不喜歡他是因為我不喜歡被父母拋棄的感覺，他一定也看出來了，唱著唱著停下來，湊近前跟我低聲說：「你爸爸的車就跟在我們後面。」「你爸爸還聽得見我們唱歌呢！」

到了空氣裡充滿硫黃味的目的地，胡雲龍站起身，居然也向我行了個標準的軍禮：「胡雲龍達成任務！」說著，攏起小口琴，拍著胸，拍著他的名牌：「胡雲龍，一條龍，小兄弟後會有期了！」

是基於命名者連同名字而施予的鼓舞和教誨，還是文字在冥冥中就有一種神奇的誘引、激勵之力？我所認識的人裡，但凡以龍字命名的，多少都有些強打精神的豪氣。「龍」這種並不存在的動物據說能興雲布雨，《易經》第一卦就說「雲從龍，風從虎，聖人作而萬物睹」，讓龍與聖人比齊，成為人君的象徵，也引申成才俊之士，甚至高大之馬、熠耀的星宿、迤邐的山脈、無限的尊榮……都可以稱之為「龍」。

無限的尊榮。的確，形容詞，《詩經．小雅．蓼蕭》：「蓼彼蕭斯，零露瀼瀼，既見君子，為龍為光。」這裡的意思說的是目睹諸侯的盛德威儀，感受到及身的榮寵和光輝。龍，在此處就是寵、光榮之意。

讓我們想像：龍這個在甲骨文和金文裡頭重尾曲、佝僂其背，有著許許多多異形書體，卻顯得笨重不均的字，幾乎佔據了一切尊仰、崇敬和畏忌的意義。但是，龍的生物性本質卻是完全虛構出來的，這是老古人造字的時候所寓藏的一種暗喻嗎？將世界上最崇高的尊榮歸諸「並不實存」之物。

龍的字形和字義變化既多，分別其形，以區辨其義的使用需求也必然出現。我們可以推測，「龍」和「寵」原來本是一字，在為了表達「光榮」這個字義的時候，略微加以變讀，甚或增添一個「宀」的形符，就使具備歧義的一字正式分化成兩個字了。那麼，下一個問題來了：為什麼所添加的字形是「宀」而非其他？

「宀」和「寵」一樣，不見於甲骨文與金文，可能是較晚出的形符。在許慎《說文》裡，「交覆深屋」表之。段玉裁更以後世的建築結構注解「交覆深屋」為：「有堂有室，是為深屋。」有堂有室，房屋既不是孤零零的一間，也不是孤零零的一排，而是有縱深、有側翼的宅邸了。

「寵」的豪貴之氣並非來自於那變幻莫測的動物——龍，它的意思反而透著些嘲弄：即使是將一個不存在的動物置於交覆深邃的宮室之中，一樣獲致景仰。

我家最近流行這個字。張宜忘了帶便當盒，忘了帶作業、外套、琴譜，甚至忘了帶書包上學，媽媽總要多繞一趟路再給送去。我私下問孩子：「為什麼老是這樣少根筋呢？」

她說：「我是被你們寵壞了吧？」

由下對上的尊崇，居然倒轉成由上對下的縱恣，龍的變化真大，真不可測！

吝

這篇稿子原本不是為了認字，卻是出於傷心而寫的。

純以字言，在《說文》裡，吝是「恨惜」之意。許慎解以「從口，文聲」，明白指稱此字是個半形半聲的形聲字。但是段玉裁注此字，以為「文」不是一個聲符，而該是另一個表意的形符，指的是「凡恨惜者，多文之以口」。這得要先解釋「恨惜」在此處特別指陳的是一種「恨所得（收穫）者少，而惜所與（付出）者多」的心理狀態。那麼，「多文之以口」，用大白話說，則是「恨惜」這種情態雖然可以形之於言語，究竟難以坦率直述，每每要曲為解說，以自掩飾。所以「文」在「吝」這個字中，不應該只被視為一個聲符，它還抽象地勾勒出小氣鬼的人格特質：用大量的語言或文字來掩飾直口難言的那種貪得無厭、不甘分享的「恨惜」之情。

張容在九歲生日這一天，為了不讓媽媽用他的新橡皮擦擦抹張宜的字跡，而發了大脾氣，他說得很直接：「橡皮擦是我的，字是妹妹的。」

我告訴他，整整九年前，我的好些朋友們到醫院來探訪，看著嬰兒房裡沉睡著的新生兒，不免問起我怎麼期待這孩子將來的出息。我總說：「沒別的，只希望他是個健康、正直、大方的人。」

在回憶起九年前的顧盼期許之際，我發了更大的脾氣，歷數張容不與人分享所有的慳吝之事。接著，我讓他拿紙筆寫下日後絕對不許旁人分享的東西。

「你一項一項給我列清楚，從今而後，有什麼是除了你之外，不能有別人碰的東西。」

張容哭著，想著，最後使勁兒在紙上寫下他九年來所寫過的最大的字：「我的身體」。

他已經明白，也無奈地屈從了我的責備，但是並不服氣。他的意思再明白不過：如果這張紙算是一份合約的話，那麼他的確願意和包括妹妹在內的人分享他所有的東西；不過，同意簽署這一份合約的人（簡直地說，就是他爸爸，我）從今以後也不能以任何形式碰觸他的身體，不論是牽手、摸頭或擁抱。

「你的意思就是說我不能碰到你，是嗎？」

他堅決地點點頭，淚水繼續流著。

「也不能抱你？」

「反正你也快抱不動我了。」他繼續頂嘴。

這真是一次傷心的對話。我猜想不只他是一個「悢惜」之人，我也是的。面對那捨不得分潤於人的個性，我之所以憤憤不平，不也顯示出我十分在乎自己的諄諄教誨之無益嗎？不也是一種「悢所得者少，而惜所與者多」嗎？

我無言以對，避身入書房，抄了一闋幾個月前張容頂嘴之後我所填的詞，調寄〈金縷曲〉，題為「答子」：

側袖揩清淚。
怨阿爹、驚聲雷出，罵人容易。
執手只堪勤習課，不許流連電視。
纔八歲、情猶如此。

縱使前途無盡藏，料生涯說教平添耳。
無奈我，是孩子。

誰將歲月閒拋棄。
看兒啼、解兒委屈，付吾心事。
稱意青春渾輕放，旦暮逍遙遊戲。
漸老懶、唯存深悔。
詞賦傷心成玩具，便才名空賺仍無謂。
兒頂嘴，我慚愧。

展讀再三，我哭了，發現孩子沒什麼長進，是因為我沒什麼長進。

刺

在離家八百公里的香港，一位透過報紙專欄文字而對我略有些期許的讀者在人群中跟我說：「你應該編一本成語辭典。」

那是一個作家雲集的座談會後，人擠人，鞋踩鞋，話搶話，我聽得不十分真切，回頭問了一聲：「您說編一本什麼？」「成語辭典，非常需要，每個人都非常需要。」這位女士加重語氣，拉住我的衣服，「一個字一個字學習太慢，太沒有……」

我猜想她接下來說的是「效率」二字，但是那兩個字當下被另一組人訂約聚會的語詞蓋過去了，她放開手，朝我揮了揮，像是要我別在意，而可以立刻去展開工作了。

我回到八百公里外的家中，面對的第一項工作是幫助張容完成一篇兩百五十個字的讀書報告——《魯濱遜漂流記》讀後。「我認為這本書很驚險刺激，『刺』怎麼寫？」

「如果你會寫『驚險』兩個字，可以寫『驚險動人』，不一定要寫『驚險刺激』。」我說。

「『驚險刺激』比較像成語，老師說我們應該多練習寫成語。」

我先教孩子寫出了那個「刺」——通常，教寫字的方法是我用語言描繪出個別字符的形狀，讓孩子自己去捕捉，而不是寫給他看，比方說：「『刺』這個字分左右兩邊，左邊寬些，右邊窄些；寬的這一邊上面是一短橫，底下寫一毛巾的『巾』字，『巾』字那一豎劃往上得要捅出一字來，底下帶鉤，再給加兩撇小鬍子；窄的這一邊你學過的，就是那個刀字偏旁。」

張容原先很喜歡這種學習方式，因為他可以一面寫，一面得掌握我語言中所傳達的圖像，掌握得精確與否，關係到字形筆劃的比例、結構甚至正誤與否，總帶著些解謎的況味。不過，自從邇來老師大量加重詞彙教學之後，孩子似乎開始對字的組合有了更大的興趣——果不其然，一旦張容會寫這字了，衝口而出的話就是：「『刺』有什麼成語嗎？規定是要把『刺』放在第一個字的位置才算。」

我立刻想起香港座談會上驚鴻一瞥的那位女士，到了這一刻，我才真正體會到「應該編一本成語辭典」的意思——的確應該有人為我們這些家長們編一本《超級無敵成語王》或者《永遠不被孩子考倒成語大全》隨身當小抄。

我支吾了半天，說：「『刺字漫滅』應該算是一句成語了吧？」

「那是什麼意思？」張容問。

「這是東漢時代一個叫禰衡的讀書人的故事。禰衡是個有才氣、有學問也非常自負的讀書人，可是他早年的際遇很坎坷，沒有遇上真正能欣賞他、任用他的人。當時的讀書人要去求見大人物，找份差事，都得隨身帶著一張手寫的大名片——」我隨手比劃了一個差不多Ａ4紙張大小的方框，說：「可是禰衡老碰釘子，一張大名片一次又一次投遞出去，卻一次又一次給退回來，到最後，名片上寫的字都給磨得看不見了，還是沒有人願意任用他。『刺字漫滅』就是比喻人懷才不遇，時運不濟的意思。」

「那我們怎樣才會懷才不遇呢？」張容問。

「這個嘛，這個嘛——」我想了一會兒，只好說：「這是一種大人的心境，到時候你就能體會了。」

「還要寫那麼大一張名片嗎？」

「算了。」我說。我只能跟香港那位交代我任務的女士說抱歉了。有時問題不在成語的豐富與否，而是人生經驗實難編纂分發，而像大名片這一類的人生經驗竟是一去而永不復回的。

懶詩

王維有一首〈輞川閒居贈裴秀才迪〉：「寒山轉蒼翠，秋水日潺湲。倚仗柴門外，臨風聽暮蟬。渡頭餘落日，墟里上孤煙。復值接輿醉，狂歌五柳前。」收錄在後世許多的選本當中，堪稱唐詩的典例。其中一個選本，是孩子四年級的國語文補充教材。張容跟我說：「這一首要背，可是我背不起來。」

「你不是什麼都能背的嗎？」我問。

「這一首就是背不起來。」他皺眉，扭曲著身子，像個在揉麵板上自轉的麻花，這是孩子極其不願意面對現實的一種表現。

「這是一首懶人來找懶人，準備一起吃晚飯的詩。」我說。

麻花兒忽然間挺直了，站成一根油條——張容瞪直了眼：「真的嗎？」

正是適合講講王維的季節。這島上初冬乍到，一時寒意隨雨侵窗，我終於能和孩子說說詩了。那就從「接輿」講起吧。

「先看『接輿』，」我指著詩裡最麻煩的一個詞：「這是一個人的『字』，算是一個人的第二個名字。這人姓陸——跟你乾爹一樣。」

陸通，字接輿，大概是西元前五百年、楚昭王時候的人。當時由於政治紛亂，君令無常，接輿不肯當官，便披散了頭髮，假裝發瘋，躲避朝廷的徵召。正由於此人明明是個做官的階級出身，卻不肯當官，在當時成了件希罕的事，於是人們稱他「楚狂」。

接著我的手指指向「五柳」：「這是另一個人，大概是接輿之後九百年左右了，他叫陶淵明，只做了八十一天的官，就受不了了，也隱居起來。」

「為什麼他們都不喜歡做官？」

「我想是懶。」我知道這答案給得很懶，但是，我希望張容記得這懶——將來他要是能體會了這懶字的好處，大體上應該是一個愉快的人。

「接輿比五柳早了九百年，可是，王維在寫給裴迪的詩裡卻說，接輿喝醉了跑來五柳面前唱歌，這是怎麼回事？」我的手指在這首五律的末一聯上移動。

「人不可能活九百年，世界上最老的動物是明蛤，比大海龜還老，可以活四百年，從明朝活到現在還活著。」他剛從《小牛頓》上學來的，已經向我賣弄過一次了。

「所以『接輿』喝醉了來找『五柳』是個比喻，是誰和誰的比喻呢？」我問。

張容大概明白了，說：「是王維和裴迪。」

是的。在秋天，山居已經覺得出寒意，大片的林葉因暮色而顯現深暗的層次，山溪的流動之所以清晰，也是因為四下已經漸趨寂靜，只剩下幾聲蟬鳴。王維拄著拐杖，來到柴門外，等待他的老朋友裴迪過訪，即目之處有落日，而放眼輞川，這時也只有一戶人家升起了裊裊的炊煙——是王維自己的家嗎？我們並不知道。

「他為什麼要走到柴門外來等裴迪呢？外面不是很冷嗎？」我問。

「因為裴迪遲到了。」

「是的，裴迪為什麼遲到了呢？」

孩子搖搖頭。

「我想是裴迪自己先喝了點酒，醉了。」

張容再讀了兩遍，會背了。離開我的書房之後，我聽見他跟媽媽說：「唉！又被他洗腦了！」

收

「收」是張容和張宜最不喜歡的字之一。這個偏見是因為他們從小討厭「收玩具」，「收」字意味著歡樂遭追繳，自由受剝奪，愉快的時光即將被迫結束。此外，我得坦白招認：面對孩子的頑皮無計可施的時候，我仍然會出以恫嚇之語：「小心我要收拾人了！」這句話通常有效——也無須諱言，我是從我媽那兒學來的。

若是從文字發展歷程上看，「收」之不算個什麼好字，是有來歷的。

「收」是形聲兼會意字，左邊的聲符兼具意義，今音讀若「糾」，糾纏繚繞也。右邊的形符「攴」，每解作以手持棍，與「丩」字相比合，就成了「捕取」之意。在古代的經籍之中，作為「拘捕」、「拘監」之意的「收」字可以說俯拾即是，《詩經．大雅．瞻卬》：「此宜無罪，女反收之。」

以繩索纏繚捆縛引申為逮捕，甚至衍義為掩埋。《左傳．僖公三十二年》蹇叔哭師的一段就有這樣的話，蹇叔對兒子說：「（爾）必死是間，余收爾骨焉！」所以後來的韓愈在那首著名的〈左遷至藍關示侄孫湘〉就有這兩句：「知汝遠來應有意，好收吾骨瘴江邊。」

然而，一旦到了詩裡，「收」字逐漸有了益發擴充、轉折的意思而變化了——而且出人意表地變得美了！

張夢機先生寫詩常令「收」字響動。我每每翻讀他的詩集，總覺得這個字跟蘇東坡和夢機的老師李漁叔有些直承的關係。隨手摭拾二例：東坡有三首「折腰體」，其中一首〈中秋作〉是這樣寫的：「暮雲收盡溢清寒，銀漢無聲轉玉盤。此生此夜不長好，明月明年何處看。」而夢機在〈宿燕子湖作——距東坡泛舟赤壁之夕九百年〉則用了下面這樣的句子：「殘虹收盡千嶂雨，涼飔吹作一湖秋。」

李漁叔有句如此：「夜瓢細酌千家碧，曉鏡平收一嶼青。」而夢機的〈郊居〉則是這麼寫的：「林坰花築屋廬好，詩卷平收山色青。」

夢機詩中每觸字及「收」，也都斑斕嫵媚——如〈遐想〉：「新收蕉葉堪遮雨，舊拾榆錢好購春。」〈無題〉：「十五年來一惆悵，唯收紅豆種相思。」〈次韻再寄戎庵詩老〉：「欲收山色歸黃卷，默聽江聲換白頭。」〈觀《大陸尋奇》感作〉：「洱海平收秋後雨，秦山涼宿夜來雲。」〈書近況寄諸故人〉：「十年詩卷收花氣，一幅簾波捲樹聲。」〈孟冬述事〉：「飲澗長虹收晚雨，持杯釃茗洗吟腸。」〈記蘆溝橋〉：「樹影煙光入畫收，北京西去是蘆溝。」至於夢機的近作〈五絕三首〉之中，就有兩首妙用了此字：「月星收一甕，釀作夜斑斕。望日如陰晦，持其代玉盤。」「簷鴉銜初陽，朔風搖庭草。詩意紛沓來，收之入孤抱。」

詩裡面的「收」，常帶些從容不迫的興味，輕盈攝入，舒卷自如，所收之物好像並沒有真的被什麼人佔有，卻又好像十分完整地被接納、容蓄著。不知不覺地，在我自己的詩裡，「收」字也逐漸多了起來。如〈陣風五首之三〉：「窗收十裡青青樹，未及羅裳一葉身。」〈七古．石滬〉：「連心盟海收天涯，崖蒼水碧鱗光馳。」〈夜吟伴讀〉：「五十之年昏坎目，自收涼月照天真。」

直到今天，我還沒有告訴張容和張宜這一句：「倏雲收兮雨歇」——它出自王維的〈送神〉：「紛進舞兮堂前，目眷眷兮瓊筵。來不言兮意不傳，作暮雨兮愁空山。悲急管兮思繁弦，神之駕兮儼欲旋。倏雲收兮雨歇，山青青兮水潺湲。」這裡的「收」當然要解釋成「散」——雲散去了；「收」字在這兒完全對反了它的本義。

但是面對著已經散落一地、無法收拾的玩具，此字之別義可是再也不能教給這兩個小傢伙的了！

西

五歲的妹妹除了在直排輪上縱橫捭闔、如入無人之境以外，所有的學習都落後哥哥一大截。全家人一點兒都不擔心——反正她還小——我們似乎認為這是生日相去兩年三個月自然的差異。

可是且慢！那直排輪該怎麼說？經過八小時正式的直排輪課程操練，張宜已經夠站在輪鞋上一連闖蕩兩小時，完全沒有受過訓練的張容卻只能屢起屢仆，挫中鼓勇。妹妹風馳而過，撇轉頭問一句：「你怎麼又摔跤了呢？」

暑假接近尾聲的時候，我試探地問張宜：「你直排輪學得那麼好，要不要跟哥哥一樣學寫幾個字呢？」

張宜想了想，說：「寫字跟直排輪有什麼關係？一點關係都沒有。等一下等一下！有關係有關係——直排輪跟寫字都有『老——師』。」

但是她沒有想到，教寫字的老師是我。一聽說我要像京劇名伶裴豔玲她爹那樣一天教寫五個字，張宜的臉上很快地掠過一副難以置信的表情，說：「你不是只會打電腦嗎？」

我已經很久不用硬筆寫恭楷，稍一斟酌筆順，反而躑躅——耳鼓深處蹦出來一個簡單的問題：孩子為什麼要認字？有沒有比書寫文字本身更深刻的目的？張宜卻立刻問：「你忘了怎麼寫字嗎？」

「沒有忘。」

「那你在想什麼？」

就是那一刻，我想得可多了。我想我不應該只是為了教會孩子寫出日後老師希望她能運筆完成的功課而已。我應該也能夠教的是這個字的面目、身世和履歷。這些玩意兒通通不合「時用」，也未必堪稱「實用」，但卻是我最希望孩子能夠從文字裡掌握的——每個字自己的故事。

我先在紙上畫了一個帶頂兒的鳥巢。一橫，底下一個寬度相當而略扁的橢圓圈兒，圈中豎起兩根支柱，頂著上頭那一橫劃。是個「西」字。

「這是什麼？」

「這一橫槓是樹枝，底下懸著的是鳥巢，有頂，有支架，有牆壁——通通都有，你看像不像一個鳥的房子？」

「昨天門口樹上有一個被颱風吹下來的，是綠繡眼的巢。」

「這個『東西』的『西』字，本來就是鳥巢。小鳥晚上要回窩睡覺了，叫作『棲息』。『棲息』這個意思，原先也寫成『西』，就是這個像鳥巢一樣的字。可是這個字後來被表示方向的『西』字借走了，只好加一個『木』字偏旁，來表示『小鳥回窩裡睡覺』，還有『回家』、『定居』這些意思。」

「為什麼表示方向的字要借小鳥的家？」

「表示方向的這個字也讀『西』這個音，但是沒有現成的字，就借了意思本來是鳥巢的這個字。」

「小鳥把自己的家借給別人唷？這樣好嗎？」

「所以剛剛我們說，為了表示『鳥窩』、『鳥巢』這個意思，就不得不另外再造一個字形——」我再寫了一次那個加了木字偏旁的「栖」。

「你會把我們家借給別人嗎？」
「不會吧。」
「好，那我可以去看《凱摟嘍軍曹》了嗎？」

夏

我的部落格來了位網友，問我：「該選哪家出版社、哪個版本的辭典才好？」我的答覆是，字典並沒有適用於一般人的版本，因為沒有所謂的一般人。會查字典而感到不能滿足的時候，就去換一本較大、較厚的字典。

以現況來說，會用到字典大多基於特定的目的。出版社的編輯桌上會放一本，以便查找連作者都會混淆的用字。我的一個編輯在多年前打電話糾正過我：「麻煩你以後寫稿注意一下，『裡面』的『裡』的部首『衣』字要放在左邊，不要拆開來寫在上下兩邊。」為了便於我記得，她還特別囑咐我：「衣服要放旁邊唷，不要頂頭上唷！」我問她為什麼，她的答覆是：「裡」字是正寫；「裏」字是俗寫。我還要爭辯，她卻說：「你可以去查字典——我桌上就有一本，我已經查過了。」她話裡的意思多少是想替我省點事。

近三十年過去，我從沒想到過自己也該查一查。雖然我已經在大學裡教寫散文，講到修辭的方法，不時還得動用文字學的見解，但凡碰上了「裡」字，我一律寫成「衣服放旁邊」。近年來我也在報紙上寫些教孩子認字的專欄，是為第一版的《認得幾個字》，每逢這個字，依樣寫了，從來不曾親手查找過字典。日後改用電腦，寫「裡面」、「裡頭」、「屋裡」、「車裡」……連自用的輸入介面選字都會打出這個「衣服放旁邊」的「裡」字。

直到回答這網友問題的時候，我才翻了翻正中書局出版的《形音義綜合大字典》，發現字典所言與那編輯所言正好相反：「裏」才是正字，「裡」卻是俗體字。再跟孩子們說解這字的時候，我想我應該會如此說：「上衣下裳，本來就該穿在身上，放旁邊兒幹嘛？」

話說另一頭，「縱貫線」（Super Band）是一個非常棒的天團，計畫只成軍一年，從台北出發，巡迴全中國之後再回到台北。據說這個團的第一首歌〈亡命之徒〉是四位成員聯手創作的，其中李宗盛自作詞的一段裡出現了「曳然而止」的字樣，乍聽之下，以為「曳然」是個新詞兒，作「牽引貌」、「飄搖或超越的情態」，經仔細推敲而知，並不是，因為這幾個意義和「而止」連不上。那麼「戛然而止」是什麼意思呢？是「戛然而止」的誤寫。

本來一個錯別字無損於「縱貫線」天團的成就與聲名，但是由此可見，一知半解甚至不知不解地人云亦云似乎已經是絕大部分人用字遣詞的習慣；甚至連現當代的遊唱詩人——創作歌手——也不能自免了。其情如此：當我不明白自己說的是什麼的時候，人們卻好像都明白我說的是什麼，我也就跟著覺得我已經明白自己說了些什麼。

「戛」這個字，在張宜那巴掌大的小字典裡就有，大字典裡的解釋更詳盡，原本指的是一種長柄的矛，矛尖分岔，略同於戟。之所以寫成這樣，是因為從「首」、從「戈」，上邊的「首」是省略的簡筆。由於是兵器，也有「考擊」、「輕打」的意思。在古語中，這個字發聲短促，大約吻合於敲擊兵刃所發出的聲音。我的朋友郭中一教授告訴我：「戛然而止」本於「戛敔」，古代雅樂終止時會擊奏一種「止樂」的樂器「敔」。進一步再去查考「敔」的形製，就會發現其形如伏虎，背上有金屬或木材的鬣狀物，郭璞注《爾雅・釋樂》的「所以鼓柷謂之止」時說：「柷如漆桶，方二尺四寸、深一尺八寸，中有椎柄，連底挏之，令左右擊。止者，其椎名。」而唐代的孔穎達解釋《書經・益稷》的「合止柷敔」時說：「樂之初，擊柷以作之；樂之將末，戛敔以止之。」殆亦指此。到了唐、宋之時，白居易和蘇軾的文章裡面，就用以形容聲音，形容短音用「戛」，形容長音用「戛」，形容聲音忽然爆出而迅速停止也用「戛」。「戛」，一個在聲句中表現特出而具有收束性質的音。

不過，基於對文字長期演化趨勢的理解，我相信「縱貫線」的威力強大，影響可觀，說不定就從這一首〈亡命之徒〉開始，人們發現「曳然而止」比較好寫，也能夠表達一種「在蒙昧無知的狀態中模模糊糊消失」的感覺，那麼這個「曳然而止」說不定就此完全取代了「戛然而止」，成為一個新鑄而流傳廣遠的四字成語。

我們都有「不知不覺、居然用字」的時候，查字典的行為不知何時會「曳然而止」。

稚

我有時會感嘆孩子幼稚，孩子不是長大了嗎？怎麼還那麼幼稚呢？扭頭一想，孩子又怎麼能不幼稚呢？初生的禾苗、短尾的禽鳥組成了「稚」字。而「稚」的異體字「稺」或「穉」都從「犀」聲，這個聲符有延遲的意思——遲熟也。我們不急，成長總是一步三徘徊的。

「小時候練字積下的毛病，老來會回頭找上你。」我的姑父、書法家歐陽中石先生有一次這麼跟我說。

初聽這話覺得有趣，記下來了，卻不能體會。十七年後，我為過世的父親抄了一部《地藏菩薩本願經》，在大殮之前放入棺木之中。一共兩萬一千多字的經文，用兩寸方圓的褚體正楷書之，原非難事。但是必須將就火化時程，我只有五天的時間可以畢其工，只得大致規劃了每天的進度，便沒日沒夜地振筆寫去。寫到第三天上，奇怪的事情發生了。明明寫的是褚遂良，毫尖落紙，無論想要怎麼控制，筆劃一流動，卻總寫成了柳公權的《玄秘塔》和《皇英曲》——那是我小學時代習字的範帖。

再寫過三兩千字，連柳也不柳了，只覺得手中的「管城子」重可千鈞，就是不聽使喚。再一看寫出來的字，真有如初學八法之生疏窳陋，這時我才想起姑父的話來。固然道教經典裡有說：「去老反稚，可得長生」，教人不要儘顧著累積智慧，喪失元神；可是不期而然且難以控制地在轉瞬之間發現自己像個蒙童一樣，堪稱「不會寫字」了，一時間的恐慌焦躁可想而知。在那個當下，我卻沒有餘裕可以稍事放鬆喘息，只能硬頭皮、繼續寫下去，直覺一枝筆看似在手、實則不在手。就這樣，直寫到最後一天，筆墨才又漸漸回過神來。

每當回憶起抄經這事，我總會覺得是父親在冥冥中助我。一個臨去的靈魂，給我一次在不經意間親歷「熟後生」的鍛鍊——這的確是家傳的老話了——語出董其昌《畫禪室隨筆．畫旨》：「畫與字各有門庭，字可生，畫不可不熟。字須熟後生，畫須熟外熟。」

在董其昌那裡，字之求其生，是要一洗「臨摹既久，全得形似」的老爛與俗套，擺落成法，自出機杼。清代書論家錢泳的看法更大膽，他認為以圓筆構形的篆書才「有義理」——也就是字形的變化能夠曲盡字義的原則；於是錢泳說：「隸書生於篆書，而實是篆書之不肖子」，而真書（楷書）又是隸書的「不肖子」，行書、草書自不待言，「其不肖，更甚於乃祖乃父。」

錢泳的論證之一，就是孩童的書寫。「試以四五歲童子，令之握管，則筆筆是史籀遺文。」這話開拓了一種全新的美學思路，他比董其昌更加激進地揭櫫了二王這一大傳統之外的美學可能：回到不會寫、寫不好、寫不熟的童子筆下，可能正是中國字創發之初的美感狀態——「是其天真，本具古法」。換言之，錢泳顯然以為，應該回到隸書、碑書、楷書以前的中國書法，書家反而要以小孩子初學寫字的生稚、自然為依歸，為旨趣，也就是蘇東坡所謂的「天真爛漫是吾師」了。

可嘆的是，打從那一次抄經的經驗以後，無論我再怎麼努力寫，都寫不出當時的孩子氣來。那看起來生稚得近乎粗劣的幾千個字，成了灰燼，隨父親的形骸還諸天地無名之處。

背

打從我還是個小小孩子的時候起，就以為「背」這個字是得抬起下巴才說的。父親總是朝我一抬下巴、一闔眼皮：「背。」背的第一義就是熟誦之後將所誦之文一字不易地朗聲唸出。所謂的熟誦，物件不是文字，而是父親口中唸出的一連串咒語。

《左傳》裡的〈鄭伯克段于鄢〉是這麼學的，〈曹劌論戰〉也是這麼學的。《公羊傳》裡的〈春王正月〉是這麼學的，〈吳子使札來聘〉也是這麼學的。《戰國策》裡的〈馮諼客孟嘗君〉是這麼學的，〈觸讋說趙太后〉也還是這麼學的。這些都算不得什麼學問，一本《古文觀止》裡通通都收著有。這是先秦，漢以後大概就背了〈前／後出師表〉、〈蘭亭集序〉、〈春夜宴桃李園序〉和〈陋室銘〉，我記得父親笑呵呵地說過：「能背得了這些，勉強上個小學去了吧。」

我讀大學中文系本科的頭一年裡還問過他：「司馬遷那麼好的文章、歐陽修那麼好的文章、蘇東坡那麼好的文章，你怎麼不趁我當年記憶力好的時候多逼我背幾篇？」老人家還是那麼一抬下巴，答得妙：「我幾時逼你背過誰的文章？」

他這麼一說，我再一琢磨，似才略有所悟。原來當年爺兒倆在晚餐之後杯盤狼藉的飯桌邊你一句、我一句，吟一段兒、復說一段兒的那過程，純粹就是遊戲。對於我是否要通過什麼樣的考試、進入什麼樣的學堂、取得什麼樣的學位，甚至成就什麼樣的學問——對於這整一些個遠大的理想——父親原本一無所求。

背書，「每日工夫，先考德，次背書」，不就是背對著書，將所誦之文朗朗唸出，一種「如歌的行板」嗎？但是父親之所以讓我「背書」，根本不是為了做什麼「每日功夫」，而是他自己將喜歡讀誦的文章把來和我一塊兒玩樂。

在剛剛結束的這個寒假裡，張容的作業裡有幾項背誦的功課。其中之一是北朝匿名詩人的〈木蘭辭〉。此詩大體五言，六十二句，中有雜七、九言句者。我自己在大二修習文學史一科之際為了應付考試曾經背過，考後遂不復記憶。

「你能背嗎？」我說：「很長呀！」

「『雄兔腳撲朔，雌兔眼迷離。兩兔傍地走，安能辨我是雄雌？』這個我已經會背了。」他很愉快地說。
「這是結尾，前面還有五十八句呢？」
「我現在只會背兔子的，寒假結束以前應該都會背了。」
我當然知道他一向討厭背學校的功課。但是，他可不可以像我小時候那樣背呢？父親當年是怎麼讓我每一句讀個一兩遍就背得的呢？我想了快半個小時，忽然想通了！喔！是了——父親的用意不是要我「背得」，而是讓我透過他口中的咒語，帶我進入一個想像的世界。那咒語裡的每一個文字音節都對應著一個教養劇場裡最深刻而真實的意義。於是我移坐到窗邊，雙手在胸前滾動起一個隱形的紡紗輪，努力想像著我是一位壯碩而憂傷的少女，口中發出「唧唧、唧唧」的聲音。
「你在幹嘛？」張容問道。
「他說『雞雞』、『雞雞』！」張宜像是逮到了我在作惡一樣得意。
「我是木蘭！」我用女腔繼續著我在〈木蘭辭〉裡的角色，說：「木蘭雖然沒有小雞雞，但這卻是關鍵——『唧唧復唧唧，木蘭當戶織』，這兩句的意思是說……」

棋

孩子喜歡跟我下棋，但是不喜歡輸，更不喜歡看出來我讓他贏。所以跟孩子下棋，不需要有過人的棋力，但是一定得有過於棋力的智慧。我總覺得盡全力布局鬥陣，並且在最後一刻弄得滿盤皆輸，其中機關簡直稱得上是一門藝術。

在旅行之中，遇到了長途飛行或者長途車程，很難以窗外美麗自然景觀讓孩子們感受百無聊賴之趣，這個時候，往往需要藉助於一方小小的鐵棋盤、三十二顆小小的鐵棋子——慢著，我並不是在跟孩子下棋，而是在重溫年幼之時跟父親手談的景象。往往是在晚飯過後，父親手裡還握著個馬克杯，裡頭是餐桌上喝剩的半杯高粱；總是他吆喝：「怎麼樣，走一盤兒吧？」

我的父親總是自稱「下的是一手臭棋」，但是就我記憶所及，除了初學的半年多我幾乎每戰必勝之外，往後近三十年間，哪怕是每每藉助於李天華的象棋殘譜，苦事研習，往往還是在轉瞬之間被殺得大敗，我好像沒有贏過他一盤。等我自己開始跟孩子下棋之後，才發現就連我先前的勝利都可以說是偷來的。

父親總彷彿在帶著我下棋的時候，說些另有懷抱的廢話。比方說，在強調「仕相全」之重要性的時候，會插上這麼一段：「士也好、仕也好，都是讀了書就去當官兒，官兒當到頂，不過就是個宰相。可是你看，在棋盤上，士就走五個點兒，一步踏不出宮門；相就走七個點兒，永遠過不了河。這是真可憐。」再比方說，一旦說起了用兵、用卒，忽地就會岔出棋盤外頭去：「你看，這小卒子，一頭朝前拱，拱一步就後悔一步，又少了一步回頭的機會。」甚至說到了車、馬、炮，也時常把玩著馬克杯，搖頭晃腦地說：「這些馬夫、車夫、炮夫都是技術人員，到了亂世，技術人員就比讀書人要顯本事了——你看，哪一個不是橫衝直撞、活蹦亂跳的？」

一晃眼四十年過去，我跟張容下棋的時候居然也很自然地會說些棋局、人生，甚至一時興起，聯想起什麼人際鬥爭的機關，也會喋喋不休地說上一大套；彷彿我的父親再一次藉著我的嘴在跟我的兒子發表一番世事滄桑的感慨。有一回，張容像是忽然發現了什麼大道理似的跟我說：「你知道嗎？我發現棋盤上有一步棋永遠不會走。」

「就是『將軍』！」張容說：「不管是『將』死老帥還是老將，說將死就將死了，可是從來沒有真的走過——所以老帥和老將其實是永遠不會死的。」

「這很有意思！」我喃喃唸了幾回，心想，我還從來沒這樣想過呢，便接著說：「的確是這樣啊——想想看，在這個世界上，有多少人下過象棋？這個世界上，又一共下出過多少盤象棋？每一盤棋的目的，就是『將』死一個老帥，或者一個老將，可是，居然從來沒有一個老帥老將被真的吃過。」我說完之後，才發現自己只不過是在重複孩子的話語，而且一連說了好幾遍。

最後，張容像是再也忍不住了，說：「你下棋的時候話實在很多。」

「我知道。」我點點頭，心想，我爸就是這樣，你將來也可能變成這樣的。

揍

幾十年前，每當我仰著頭，跟父親問起我爺爺這個人的任何事，他總說得極簡略，末了還補一句：「我跟他關係不好，說什麼都不對的。」這話使我十分受用，起碼在教訓兒子的時候不免想到，這小子將來也要養兒育女的，萬一我孫子孫女問起我來，得到的答案跟我父親的言詞一致，那麼，我這一輩應該就算是白活了。

可即使再小心謹慎，在管教兒女這件事上，必有大不可忍之時。人都說孩子打不得，吼吼總還稱得上是聊表心意，然而我現在連吼兩聲都有「憮然內慚」之感，儘管有著極其嚴正的管教目的，也像是在欺凌幼弱，自覺面目猙獰得可以。如果有那麼一天，驀然回首，發現居然有一整個禮拜沒吼過孩子，就會猛可心生竊喜：莫不是自己的修養又暗暗提升了一個境界？

吼孩子當然意味著警告，我的父親在動手修理我之前慣用的詞兒是：「我看你是差不多了。」在這之前是：「你是有點兒過意不去了，我看。」在這之前則是：「教你媽說這就是要挨揍了。」三部曲，從來沒有換過或是錯亂過台詞。至於我母親，沒有那麼多廢話，她就是一句：「你要我開戒了嗎？」

有一回我母親拿板子開了戒，我父親手插著腰在一旁看熱鬧，過後把我叫到屋後小天井裡，拉把凳子叫我坐了，說：「揍你也是應該，咱們鄉里人說話，『誰不是人生父母揍的？』，揍就是生養的意思，懂嗎？」鄉里人說話沒講究，同音字互用到無法無天的地步，沒聽說過嗎——「大過年的，給孩子揍兩件新衣服穿。」無論如何，揍，不是一個簡單的字。

捱板子當下，我肯定不服氣。可後來讀曹禺的《日出》，在第三幕上，還真讀到了這麼個說法：「你今兒要不打死我，你就不是你爸爸揍的！」翻翻《集韻》就明白，鄉里人不是沒學問才這麼說話——「揍，插也。」

念書時讀宋元戲文，偶爾也會看見這個「揍」字。在古代的劇本裡，這是一種表演提示，意思就是一個角色緊接著另一個角色唱了一半兒的腔接唱，由於必須接得很緊密，又叫「插唱」。仔細推敲，這「插」的字義又跟「輻輳」、「湊集」的意思相關。

試想，輪圈兒裡一條條支撐的直木叫「輻」，「輻」畢集於車輪中心的「轂」，這個聚集的狀態就叫「輳」，的確也帶來一種「插入」的感覺。如此體會，曹禺那句「你就不是你爸爸揍的！」別有深意——卻不方便跟年紀幼小的孩子解釋得太明白——可別說我想歪了，鄉里之人運用的那個「揍「字，的確就是「插入」的意思。「插入」何解？應該不必進一步說明了。

正因為這「揍」字還有令教養完足之士不忍說道的含意，所以漸漸地，在我們家裡也就不大用這話，偶爾地聽見孩子們教訓他們的娃娃玩偶，用的居然是這樣的話：「再不聽話就要開扁了！」不過，語言是活的，誰知道這「開扁」之詞，日後會不會也被當成髒話呢？

讓

我常回想起四十多年前的一幕，三坪不到的客廳裡，父親坐在一張藤芯兒凹陷了的椅子上，我坐在一張附有可翻疊黑板和條凳的小書桌前，當時我們家裡連個書櫥都沒有。父親忽然十分高興地宣布：「部裡要報廢一批物資，讓給我了。我們就要有個書櫥和大書桌了。」

書櫥是一個六尺高、三尺寬，上下五層，裝著玻璃門的老舊木櫃。書桌則方面高大，斑剝笨重，感覺上佔據了小客廳所有的空間；所幸附有三個抽屜，可以收納我所有的小玩意兒。我永遠不會忘記，一輛軍用小卡車把這兩樣東西、連同兩個母親覺得比較實用的矮櫃載到巷口，接著，父親和兩個制服軍人淌透了渾身汗水，一起卸貨時的情景。「新家具」就了定位，父親先把一部《詩經》、一本《古文觀止》放上了第一層最左邊的位置，回頭跟我說：「連書櫥都有了，咱們不能不算讀書人了吧？」

這真是一個帶些辛酸自嘲的玩笑。

對於國防部來說，這幾款「破箕爛擔」的東西可能還有礙觀瞻；但是自從有了「新家具」以後，父親經常會從重慶南路的書店門口翻揀些廉價的風漬書回來充實櫥櫃。有一回，我聽見他和店家這麼說：「價錢不能再讓一讓嗎？」

爺兒倆抱著書回家的公車上，我問他：「我們買書，為什麼要老闆『讓錢』？」

他想了很久，才說：「讓是給好處的意思。你比方說待會兒上來個老太太，咱就要起來，讓老太太坐下。不過，『讓』字也不全是指給好處，這個字嘛——一時半會兒說不清楚的。」

他的確沒說清楚，不為別的，下一站果真上來個老太太，他把座位給讓了，書都堆給我抱著。

此後我再念起這個字來，他不一定在身邊；他在的時候，我也未必想得到要問。大約只湊巧趕上一次，他在屋後小廁所裡，大概是忽然間心血來潮，隔著木門沒頭沒腦地跟我說：「你知不知道？這屎拉不出來是件難受的事，可要是忽然間通了，那一下痛快淋漓，也叫作『讓』！」

中文系的學生大約在新鮮人時代就會撞上這個「讓」字，也許出自《左傳》，也許出自《史記》，也許出自任何一本著名的古典小說，書上要是有注解，往往也會嚇人一跳：「讓」字居然還有用酒食款待的意思，還有邀請來往的意思，還有請安問候的意思，甚至還有責備的意思。

我跟張容、張宜會用上這個字，純粹是為了維持家庭秩序之故。那一天，我看做妹妹的擾她哥哥已經到了無理取鬧的地步，遂心生一計，說：「張容，我經常跟你說：要『讓』妹妹、『讓』妹妹，你覺得要不要把這個『讓』好好說明一下？你們倆都應該搞清楚：『讓』是一種特權呀，也有修理人、責備人的意思呀。」

「真的嗎？」張宜眼睛一亮，顯得十分有興趣。

「對呀！中國古人一旦說某甲『讓』某乙，那一定就是說，某甲把某乙狠狠教訓了一頓。你覺不覺得，什麼事都叫哥哥『讓』你，這有點不公平吧？你也應該可以『讓』哥哥吧？」

張宜點點頭，可是隨即猛地擺起手來，說：「算了，我實在不想教訓他，還是都叫他讓我好了。」

夢

夢是什麼？夢從哪裡來的？夢會成真嗎？夢來自思想、渴望還是恐懼？終人之一生，總有些在現實中顯得最不重要的問題永遠不會獲得解答。本文的第一行殆屬此類。

我的母親不只一次告訴我，她從來不作夢。我說那是因為她醒來的時候就忘了，她的回答很俐落：「忘了就是沒有了。」

正因為她從不記得任何一個夢的些許片段，使她對於「夢」這個姑且可以用「活動」二字稱之的事有「莫名其妙」之感。每當我向她描述作了一個什麼夢之後。她總是笑著搖搖頭，說：「不明白，不明白，你哪兒來那些夢好作呢？」我跟父親說起這事，父親也笑了，像是既不懷疑、也不相信地說：「你媽是個高人，咱們比不得。」

這兩句話使我從小就對母親別有一種敬意，認為她具備神秘的能力，甚至是處於常人知能無法企及的人生境界。這種敬畏使我在文字學課堂上認識「夢」這個字的時候，居然有了更抽象性的體會。

段玉裁注許慎的《說文》，於「夢」字下引《詩經．小雅．正月》：「民今方殆，視天夢夢。」比合上下文來看，這兩句詩的大意是說：正處於危難之中的廣大老百姓，在那個具有人格神意義的老天眼中看來，似乎也是懵懵懂懂、無法分辨善惡的狀態。以單字視之，許慎解釋為「不明」，就是紛亂無明的樣態。夢，怎一個亂字了得？

中國人對於夢的理解基礎似乎就是從「不明」開始的。它既不是渴想的扭曲投射，也不是懸望的變相滿足，這個字注定在理性與秩序之外，連議論超拔絕倫、睥睨俗儒的莊子也說：「古之真人，其寢不夢。」郭象本頁旁注：「其寢不夢，神定也，所謂至人無夢是也。」（《莊子．大宗師》）可見夢之無稽與不羈了。

孩子在開始能夠敘述夢境的時候，大約也能夠分辨夢與現實的分野。張容描述的第一個夢境出現在他一歲多的時候：「李其叡在我的夢裡煮了一碗蛤蜊湯給我喝。」夢的奇妙如此：彼此原本不相干的人生景象細節，在特定的情境中相互綰結，自成理路，無須辨析，渾然可信；一旦醒而顧之，卻往往顯得不可思議。

我常在孩子剛醒的時候問他們：「作了什麼樣的夢呀？」如果他們還能記得片段之一、二，內容常會令我覺得驚喜。畢竟人生之意在言外者，莫過於夢；人生之夢在身外者，無不可言。越是亂、不明，越可能是生活中被輕率遺漏而實則難能可貴的知覺。

有一天，我打開電視讓晨間卡通的聲音將孩子喚醒。張容醒後主動對我說：「剛才我的聽覺已經驚醒了，但是視覺還沒有醒，所以電視的聲音跑到我的夢裡配音。我夢見在麥當勞有個小黑人，用丟的，丟全世界最香的麥香魚，越過兩個跑道——真厲害的聽覺之夢。」

「不知道你妹妹夢見了什麼。」我推了推熟睡中的妹妹。

「你最好不要吵醒她，她不是好惹的。」張容警告我。

「真想知道她正夢見了什麼。」我又彈了彈張宜的臉頰。

「吵到她你一定會後悔！」張容立刻緊張地說：「反正你隨便什麼時候問她都可以，她都會編給你聽的。」

關於夢，神秘的也許不是那些無夢的真人或至人，是每一個人在睡眠中偉大的創作，醒來不記，怕是創作者真正的瀟灑。

罰

回想年幼之時，我的父親總是一手執盞，一手翻看我的作業簿，除了訂正錯誤，還會就課業內容之外的古典知識指微發末，那是令我倍覺溫馨的庭訓。偶爾發現前一次繳交的作業裡有他未曾留心的錯誤，讓老師給改出來了，還得罰寫一行兩行，就會笑著說：「俺兒罰一行，俺也浮一白！」說著，「嗞兒」喝上一大口。

念高中的時候，我在語文課某篇古典小說選文裡讀到這麼一句：「兄弟也為此浮一大白。」忽然感到這課文親切起來。但是課文後邊兒的注解並沒有說明：為什麼喝酒叫「浮」。我在家中取得「酒牌」，可以和父親同桌而飲的某一天，忽然想起這句詞兒來，舉杯向父親說：「我且浮一大白。」父親立刻停杯而問：「你犯了什麼事？為什麼要『浮一大白』？」

「沒犯什麼事呀，不就是喝一杯嗎？」我說。

「喝一杯、幹一盅、仰一脖子……都是一個意思，唯獨『浮一大白』不是隨便說的，『浮一大白』本來是指罰酒的意思。浮者，罰也。你去查查書吧。」

書上果然有。《晏子春秋．雜下十二》：「景公飲酒，田桓子侍，望見晏子而復於公曰：『請浮晏子。』」這是「請罰晏子」的意思。《淮南子．道應訓》：「蹇重舉白而進之約：『請浮君！』」這是「請罰君」的意思。《說苑．善說》：「魏文侯與大夫飲酒，使公乘不仁為觴政，曰：『飲不釂者，浮以大白。』」這是「罰那些喝酒不乾脆的人」的意思。

這些在漢代以前的史料，都說明了「浮白」、「浮一大白」這樣的語彙都是指酒宴上的罰飲，非泛泛的飲酒而已。是我亂用成語，自然十分尷尬。回桌就座，搔頭認錯。可是父親忽然話鋒一帶，指了指牆上的一幅字，又說：「可是為什麼還有『一樽病起初浮白，連焙春遲未過黃』這樣的句子呢？」

牆上那幅字是不知多少年前一位國防部長郭寄嶠老先生給寫的，所錄者，陸放翁之詩〈遊鳳凰山〉也。我從來沒用心看過：

窮日文書有底忙，幅巾蕭散集山堂。
一樽病起初浮白，連焙春遲未過黃。
坐上清風隨麈柄，歸途微雨發松香。
臨溪更覓投竿地，我欲時來小作狂。

從這首詩的上下文來看，「浮白」就是飲茶。宋代喝茶與現代不同，茶葉先細研為粉，再加水並攪打至起泡，這些浮沫呈白色，所以稱為「浮白」，顯然沒有罰飲之意。看來是這個語彙離開先秦兩漢以後，用法上有了實質的變化，「浮者，罰也」的意思不見了。中古以後的人用此語，純指暢飲、滿飲而已。如此繞了一大圈，可以說我原先所言並沒有錯；不過，也可以說我一連犯了兩個不用心的錯。父親還是笑著說：「你是該浮一大白，我陪著浮好了。」

多年以後，我手持一盞，看著兒子錯漏百出的功課，浮了不知幾大白，終於忍不住，搖頭太息道：「我要收回剛才的承諾，你改完作業之後不許再玩兒了，今天寫寫評量吧！」

就在這一刻，兒子的眼眶、鼻頭都紅了起來，他的妹妹則忽然大踏著步子搶上前，幾乎撞翻了我手上的酒杯，昂著聲兒衝我的臉說：「你不可以這樣對待你自己的小孩！」

「我怎麼了？」

「你不可以這樣對待你自己的小孩——隨便處罰人家，還說話不算話！」說第二遍的時候，妹妹的眼眶和鼻頭也跟著紅了。我當然瞭解：哥哥不能玩兒，實則嚴重危害了妹妹的權益。

「算了，我浮一大白好了。」我說。

我的結論很簡陋：非但狗不能複製，人不能複製，教幾個文字這樣簡單的事，恐怕也是不能複製的。

編

我那北京表哥歐陽子石沒怎麼把寫小說這事看在眼裡，他用了句歇後語形容我這一行：「可不就是吃鐵絲兒、拉笊籬——肚子裡編吧？」我當個笑話轉述給父親聽，他沉默了幾秒鐘，接著說：「子石這不是太恭維你了嗎？」

「把小說比成屎，算恭維麼？」

「起碼笊籬還能撈麵條呢！」父親說：「還有——別忘了——編成的笊籬不改常，還是如假包換的鐵絲兒。」

「改常」者，改變事物原來的性質也。十分顯然，我父親表達了他對小說——起碼對我寫的小說——的確不怎麼滿意。他第一次不經意地流露出來，讓我有些吃驚。

這是一九八八年春天的事，我年逾而立，除了寫小說，真不知道還能幹哪一行。可是父親那玩笑話裡的意思，彷彿寫小說畢竟就是扭曲材料的形貌，甚至改變其本質，使成無所用之物。

我當下的反擊如此：「只見你成天抱著本小說，也沒見你抱著個笊籬。」

父親是一笑置之，沒跟我計較。過了好幾年，某日，他捧著我新出版的書，前翻翻，後翻翻，喜孜孜地說：「這個有意思，這個有意思。」

那是本《少年大頭春的生活週記》，原先以專欄的形式刊登，他每週都會看，甚至篇篇做成剪報活頁，一旦結集成冊了，居然還有如此新鮮的興味，這讓我有些不解，遂問：「你不是每一篇都讀過了嗎？」

「編在一塊兒看不一樣。」他從老花眼鏡上方盯著我，表情嚴肅起來，「單篇單篇零碎著看，不覺得這小孩子跟你有什麼關係；從頭到尾整個兒看，就看出這小孩子是你了。呵呵！反倒是編成了笊籬之後，才知道這是拿一根一根的鐵絲兒編的呢！」

編，原意是指串聯竹簡的繩索，也用以形容順次排列、連接或收輯各種有形無形的事物。然而，「編」字還有完全不同的、另外一面的意思，那就是「捏造」了。

子石表哥的歇後語原本是借用「編」字兩種不同的意義，產生諧謔的諷刺。但是就我父親的體會而言，意義似乎還要往裡推進一層——編織而就的作品會藉由整體的樣貌凸顯出個別材料的真實性，甚至因為這種還原於材料的真實性而帶來閱讀的快感。說來的確有些玄，彷彿是一種反常識性的體會，我們如何跟人說明，是在看見一整張竹席之後，才明白一根一根個別的細條紋裡是如假包換的竹篾子呢？然而事實似乎就是這樣。從一部完整的作品所發現的真實，竟然來自個別細節相互之間的共生關係。

對我而言，《少年大頭春的生活週記》反映了多少真實的我？或者呈現了多少值得我去記錄的少年生活？這永遠是無稽而懶惰的問題。我寧願反覆思索、不斷反芻的一個場景則是父親從老花眼鏡上方看著我的表情。那情景告訴我：他還記得幾年以前他和我那一段不經意暴露出相互傲慢的對話。

對了，不能不說說我怎麼忽然想起「編」這個字來了——這是由於張宜的緣故。她帶去幼稚園的水壺一逕是滿的，又帶回家來了，可以想見：她一整天都沒有喝水。我問她緣故。她神秘地眨眨眼，說：「你要聽真的，還是編的？」

字

關心我而不常來往的老朋友們在最近幾年經常問起我的一個題目是：「幹嘛寫起詩來了？」他們的問話之中刻意省略了一個對比，以及一個「舊」字。該對比的是「小說寫得少了」。而另一方面，他們想問的其實是：「幹嘛寫起舊詩來了？」寫白話新詩，似乎還有點兒跟得上時代潮流的況味，一意孤行向古而遊，看來只是跟自己的現實過不去。

而我的答覆總一樣：「越過越覺得認識的字兒不多，全靠寫詩重新體會。」這話實在到不寫詩的人根本無從體會，而即使是寫詩，卻一心想著要結集、傳誦、留名的騷人怕也很難揣摩。於我而言，寫作一首詩的目的，無非是藉著創作的過程——尤其是格律的要求、聲調的講究、情辭的鍛鍊……種種打磨用字的功夫，聊以重返初學識字的兒時，體會那透過表意符號印證大千世界的樂趣。

我總是跟一筆一劃、迤邐歪斜地剛學寫字的張容說：「爸爸也在做功課。」孩子不免一而再、再而三地質疑：「那你的功課交給誰改呢？」

我說：「大多數是自己改。」

「那真好，真羨慕。」張容說：「那你會罰自己寫很多遍嗎？」

「寫詩的處罰更恐怖，」我說：「寫不好你當時不知道，過幾天，過幾個月，甚至過幾年，你就會發現自己從前以為好得不得了的詩原來不是個玩意兒，就像你原來以為熟悉得不得了的字原來根本不認識。」

這是今年元月初的事，我當天就寫了一首七律，題為〈詩多無甚佳者，書壁自嘲儆一律〉：

聞道惟窮而後工，艱難此語古今同。
三年兩句淚中得，一腐千毫腸已空。
交易羊皮殘墨卷，相知蠹篋老詩篇。
行吟臥占自荒遯，字裡無時無國風。

在這首詩裡，「兩句三年」之語化自賈島，「一腐千毫」之語，用司馬相如故實，都算平易。唯「羊皮」，出自韓愈〈送窮文〉，原意是指智窮、學窮、文窮、命窮、交窮等五個窮鬼挖苦文人的話：「攜持琬琰，易一羊皮，飫于肥甘，慕彼糠糜。」意思就是說：文章是無價之珍，拿來換取世俗所寶愛的財富是多麼愚昧的念頭？這話的根骨本是窮酸語，但是被韓愈翻迭出另一層的自嘲，酸氣昇華成一種孤絕冷雋的況味，特別顯得清峭。我日後常翻出舊作來改改，每讀到這一首，都想把來讓張容讀——好教他認得他爸爸的一點心事。不料，他一遍讀完，就問道：「在你寫過的詩裡用得最多的字是什麼？」

「這我沒算過。」

「我覺得就是『字』這個字。」

我回頭翻檢一下近日之作：「老摩彝字甘無用，細鑄毫吟信有神」、「塵根字句堪零落，法鼓節操猶子遺」、「體貼旗亭真畫壁，數來無字不辛酸」、「千載江湖憑何寄，尋常字句細綢繆」、「窮鏤字句雲山外，潦倒心情酒肆間」、「化骨耘殘千萬字，先埋朽筆再埋書」乃至於「已外人間世，唯參文字諦」。

「我用的『字』好像真的太多了。」我苦笑著，像是忽然間沒留神，被他看破了手腳，的確有些窘。

「字就是一個寶蓋頭下面有一個小孩在學寫字，一直罰寫一直罰寫，很辛苦。」

「『字』的原意是養育——寶蓋頭是指家庭，孩子要有家庭的養育。」我說。

蹲在一旁地上玩兒的妹妹抬起頭來看我們一眼，說：「小孩明明就是在家裡玩，是一直玩一直玩的意思才對！」

字有別解，信然。

不言

小時候聽父親說詩，總期待一兩個笑話，父親是拿笑話釣住我，我則以為笑話就是詩的本質了。

比方說，在講到某一首詩的時候，他會這樣說：「這是寫我跟你表大爺哥兒倆在山裡喝著酒，遍山頭都是野花，那花兒在旁邊兒一骨朵、一骨朵地開了。咱喝一杯，它開一朵；它開一朵，咱喝一杯；你一杯，我一杯；我再敬你一杯，你也再敬我一杯。這麼喝著喝著，一猛子喝醉了，我就跟你表大爺說，你回去吧，我要睡大覺了。要是還有興致的話，你明天抱著胡琴再來喝吧。為什麼要抱著把胡琴來喝酒你知道嗎？你表大爺就那把胡琴能值幾個錢，賣了還興許能買兩瓶五加皮，那就再喝一宿。」這裡頭有什麼好笑呢？有的。那把琴根本不是表大爺的，是我父親的——也值不了什麼錢。可一讓他說成是表大爺好酒貪杯、賣琴買醉，我就止不住地笑起來。

這是李白的〈山中與幽人對酌〉：「兩人對酌山花開，一杯一杯復一杯。我醉欲眠卿且去，明朝有意抱琴來。」我秉承詩教的開始。父親當時並沒有多作解釋——原詩的第三句是一個十分慣見的典故，借的是《宋書．陶潛傳》形容這位高士：「若先醉，便語客：『我醉欲眠，卿可去。』」上了大學、認真念起陶詩以後，讀到這段來歷，還是會因為想起牆上掛的那把胡琴而笑出聲來。

數十年過去了，於今想來，恐怕正是那樣的詩教喚起了我對於古典詩的好奇。通過詩，彷彿一定能夠進入一個「字面顯得不夠」的時空。當我面對一首詩、逐字展開一個全新旅程的探索之際，躲藏在字的背後的，是「一骨朵、一骨朵」出奇綻放的異想。在「有盡之言」與「無窮之意」的張力之間，詩人和讀詩之人即使根本無從相會、相知、相感通，但是他們都擺脫了有限的、個別的字，創造了從字面推拓出來的另一個世界。就好比說陪李白喝酒的那位「幽人」倘若果真抱琴而至，所抱者當然不會是胡琴；而詩之無礙於以情解、以理解、以境解者，就在「當然不會是」這幾字上。

張容開始對我每天像做早操晚課一樣地寫幾首舊詩這件事產生了興趣，有一天趁我在寫的時候，忽然坐到我腿上問起：「你為什麼每天都要寫詩呢？」

「我想是上癮了。」我說。

「像喝酒嗎？」

「是的，也許還更嚴重一點。」

他想了想，繞個彎兒又問：「你不是已經戒菸了嗎？」

「寫詩沒有戒不戒的問題。」

「為什麼寫詩不可以戒掉？」

「寫詩讓人勇敢。」

「為什麼？」

我的工作離不開文字，但是每寫一題讓自己覺得有點兒意思的文字都要費盡力氣，和字面的意思搏鬥良久，往往精疲力竭而不能成篇。之所以不能成篇，往往是因為寫出來的文字總有個假設的閱讀者在那兒，像個必須與之對飲的伴侶。有這伴侶作陪，已經難能而可貴了，寫作者卻還忍不住於自醉之際跟對方說：「卿可去！」特別是在詩裡，此事尤為孤獨，尤為冷漠。

離開字面這件事所需要的勇氣，我要怎樣才能教會他呢？我想了很久，居然沒有回答。

奶奶不識字

教孩子認字這件事曾經在某一段時間裡是我十分在意的心智活動——之所以如此強調，是為了反面作意；教認字從來不是孩子們十分在意的心智活動。孩子的詢問、質疑、好奇探索多半是為了填充和我相處的空白時間。他們並不怎麼積極於將知識、或者訊息記憶備用，以應付人生難題，卻仍然能夠敏銳地、不著痕跡地吸收言談間有價值（通常是他們主動感到有趣的）字句。

近二十年前的某日，剛從幼稚園下課的張宜在濕霧朦朧的車窗上塗鴉，忽然問我：「奶奶有沒有上學？」我不假思索地回答：「奶奶不識字。」

張宜沒有再問下去，簡短的問答結束。我每回想起這一次雨中行車的蒼茫風景，都不免有些懊惱。彷彿我應該多解釋點什麼，卻匆匆地用一種決絕且近乎冷漠的態度逃避了我自己不想面對的事實：我媽不識字。然而，那是事實嗎？

母親從來沒有進過一天學，然而識字似乎不應該以進學為必要或充分的條件。數不清有多少次，我突然從外面返家，會撞見母親兩手捧著一張展開的報紙，仔仔細細地讀著。一旦見我出現，無論讀到哪兒，她都會停下來，把報紙對折再對折，像是緩緩地收拾起一點兒不重要的活計，再同我話話家常。有好幾回我會說：「看你的報唄，別忙活我。」她總是這樣答我：「唉，沒什麼好看的，不就那麼些事兒嗎？翻過來、倒過去的。」

我一向不曾想像或追問過她：報紙上刊登了哪些翻過來、倒過去的事？我總以為一個上了點年紀、又沒上過學的老太太對這偌大的世界不至於有什麼深遠的興趣。可是有一天——又是我忽然闖門而入的一個下午，她鼻樑上架著一副地攤上五十塊錢買來的老花鏡，慢條斯理地摺著報紙，說：「朴（濟南話口音讀作『飄』）正熙教人給打死了。」這消息的確在稍早就轟動全球，然而母親雲淡風輕地說起這樁大案子，才著實嚇了我一跳：難道她老人家想和我討論一下當前大韓民國的「維新體制」嗎？然而母親什麼也沒說。此事發生在我大學剛畢業不到半年，還在研究所裡繼續讀書、同時在報社兼差當秘書，家裡頓時多了一份報紙。母親看報的時間增加了不少；當然，她用雲淡風輕的口吻向我簡述新聞的機會就更多了。多年後又有一次，她竟然沒頭沒腦地跟我來上這麼一句：「郝伯村說了：往後每個月十一號馬路上不讓撞死人！」

在朴正熙和郝伯村之間，悠悠然十四、五年過去了。我從來不敢詢問母親，這些新聞，你真的都看得懂嗎？我相信：滿手沾染油墨、時不時還得跳過一些筆劃複雜、意義晦澀的字詞，卻沒有老師引導而從事的這項頭腦體操，一定是非常疲勞且乏味。

於是某日，我驀然想起：讓母親學認字，何不幫助她改口音呢？一旦從小到大都使用的濟南話扭折聲調，趨近於通行國語，再用國語朗讀，不就更能加速認字嗎？

我腦海中的完美計畫始於一把吉他。那是某個週日，我先彈了一首〈Let It be Me〉，又彈了一首我自己譜曲填詞的〈讓我〉，算是先發給母親的獎勵。接著，我請她按照國語聲調分別讀出兩個單字：吉。他。

到此一切順遂。第二步就是依照字詞的聲調，將「吉他」兩字連讀出聲——這就遇上麻煩了。母親掙扎半天，迸出兩個字音：「琵琶兒」。我說：「吉他，沒有兒化音。」她說：「這不就是個琵琶兒麼？」母親不但拒絕說出「吉他」，也從此拒絕方法論的國語正音練習。連我親手製作的大楷吉他字卡也全然沒派上用場，吉他不過就是琵琶，還能是別的什麼呢？

回想起母親與文字神秘且若有似無的因緣，我就不得不從父親的視角再說一個往事。

一九六〇年代初，台灣全島實施過好幾次的戶口普查。每屆普查日，從南到北各縣市鄉鎮都動員起來，除了基層戶政機構員工之外，還要臨時聘僱許多人員挨家挨戶發放問卷，一面訪視、一面徵信，以為日後行政機關樹立基本國民資料。普查對於一般民眾帶來不便與否，姑且不論，倒是在宣導配合政令的操作之下，大部分的家戶還會事先準備好香菸茶水、瓜果點心，作為慰勞。說好的普查之日，不會改期，但延宕卻很常見。我家至少有兩次都查到半夜一兩點以後，香菸茶水瓜果點心也伺候到半夜。我對戶口普查印象之所以深刻，實與母親識字有關。

有一年普查翌日的報上刊登了一則趣聞，說是商務印書館董事長、黨國大老王雲五接受普查，訪查員問起這位知名的教育家、思想家、出版家乃至政治家的學歷時，岫老（王雲五字「岫廬」，人尊岫老）拿不出學歷證書，便笑著對普查員說：「你們就給我寫上個『粗識字』罷?!」

父親很欣賞這一則趣譚新聞裡的岫老，認為王老先生真誠流露出謙抑自許的人格特質，也很有一種難能可貴的幽默感。說完報上的「趣聞」，父親順手指了指廚房（裡頭是正在做飯的母親）笑著說：「裡邊兒那一位，也是『粗識字』，可不得了，和王雲五先生差不多呢。」

日後多年下來，父親還經常提起「粗識字」這個詞兒。但這樣的玩笑可也不敢當著母親的面說，而且，漸漸長大、開始懂點事理的我也相信：對於每天找機會讀報紙認字的母親這種自動自發又勤勉執拗的學習活動，父親其實是相當尊敬的。

在動過兩次髖關節手術之後，母親住進了安養中心。某日，中心的負責人打電話告知我，要為母親做智力檢測。我再去探訪母親的那一天，中心負責人劈頭跟我說了句：「沒通過。」

「什麼意思？」我問。

「媽媽的智力檢測沒有達標，不能領補助。」然後他燦爛地笑了，繼續說：「媽媽真厲害！」

檢測的過程如此，和平醫院的醫事人員依約而來，向中心負責人簡單解釋了「量表」認定的規矩之後，立刻向母親提出第一個問題：「七十加七等於多少？」母親毫不猶豫地答道：「七十七啊。」「那麼七十七加七呢？」「八十四啊。」「那麼八十四再加七呢？」這時母親顯得有些不耐煩了，她說：「你不會三七二十一先乘起來，以後再加上嗎？」

中心負責人逢人就把母親的考覈表現當成一個段子傳說，我也以之為九十歲老人耆壽明達的佐證。不幾年之後，母親於睡夢中仙去，從那時起，每於午夜夢迴之際，想起我人在遠方、來不及於臥榻前送大行的遺憾，就會輾轉不復成眠，一幕一幕、一景一景、片言片語地回憶起還能夠侍奉於親側的美好歲月。每到這時，第一個出現的畫面總是一本大書。

那是一本全家三口人都不知其來歷的全英文雜誌，大小有如電話簿，封面已經脫落無尋處，剩餘的內文全彩紙頁用料極薄，僅止翻閱一遍，恐怕也得耗上個把小時。幾乎每一頁上都精印著穿了美麗洋裝的婦人，手中推拉持握著各式各樣的大小家用器具——日後想來，不過就是一本美國的家具型錄罷了。這出版物流落到我們一家三口的屋裡，也一定有一番傳奇故事，只可惜已無從查考。

我從能夠記事開始，就天天趴在床上翻看這本型錄。最捨不得移開視線的，是一張日本年輕夫婦打開耶誕節禮物包，拿出一節火車頭玩具的照片。一個咧嘴大笑、和我差不多年紀的孩子正準備領取禮物。我非常羨慕那個小孩，而母親似乎意識到這一點，她不只一次指著那張廣告圖片的各個細節對我說（標準發音的濟南話）：「榻榻米、耶誕樹、布口袋、火車頭、電燈泡、日本人、女的日本人、日本小娃娃、金錶、小狗熊……。」大約是因為我不讓母親翻頁的緣故，所以好幾年都沒有認識後面的家電產品（比方說割草機）。那本幾乎將全世界都包括進去的型錄裡還夾著摺疊整齊的寶貝：母親做針線活貼補家用的各種紙型，都在裡面，有旗袍、棉襖、西裝、襯衫……甚至還有京劇武生背上插縛的四靠旗，也有一個樣張。

「粗識字」算什麼呢？沒上過學又算什麼呢？我的母親管你三七二十一，就這樣給了我一整個世界，而且也不必告訴任何人：她是怎麼學會的。

爺爺信的教

我會和孩子們這樣開個頭，說咱家信教這回事。

我上的小學曾經對全校學生做過兩三次「家庭狀況調查。每一次都是由班導師發放一張帶有兩個裝訂孔的硬紙卡，紙卡上印好的、大大小小的空格，以供家長填寫；也就是說：依據紙卡所標示的欄目、在已經提供的線框之內填寫字句，以顯示該學生的家境。

由於家裡只有我這麼一個孩子，兄弟姐妹的人數和名字就免了。也由於祖父母早在對日抗戰期間都因病離世，就用「已歿」二字交代。所以我的表格紙卡顯得特別簡略，只有三處和絕大多數同學很是不同。

其一，是母親的職業。一九六〇年代中葉，出外工作的婦女還不算普遍，可是我校卻很不尋常，半數以上的媽媽們都是職業婦女；而我的母親在家煮飯洗衣做針線活兒，父親填寫的是「家管」，意思就是家庭管理。班導師看反了，卻特別追問了我一句：「張大春！你的媽媽在哪裡做管家啊？」全班同學立時哄堂大笑起來。

其二，是「經濟狀況」的那一欄。父親每回都毫不猶豫地寫上「勉可維持」四個字。我在這一套申報程序進行到第二次的時候忍不住問他：「我的同學都寫『小康』，你為什麼不寫『小康』？」父親深深的望了我一眼，像是微笑著說：「小康嗎？咱家和小康之間還有很大的一段距離呢！咱們慢慢兒等著吧。」

其三，是「宗教信仰」的那一欄。坐在我前後左右的同學們填寫的不是佛、就是天主、要不就是基督，總之，家家都有個侍奉的對象。只有我家不一樣。父親第一次寫的是「無」。隨後的兩次改了，他似乎審慎地思考過了，覺得應該給學校一個更嚴肅且真實的答案——他在紙卡的小小空格之中寫了一個「儒」字。

那時，我應該剛升上三年級，像認識、又實在不認識這個字，更不能知道它的來歷、內涵以及思想什麼的。只聽父親說：「這個儒呢，是孔老夫子辦的教會，就像你上的小學，是天主教辦的教會一樣，都是教人做好人、做好事的。」

從我上中學開始，台北街頭開始出現一種白衫黑褲、衣裝齊整、有如天使的美國青年。他們大多身材高大、胯下一輛升高了坐墊的自行車。通常兩人一組，車行風馳電掣，但是沒見他們發生過事故。

他們是傳教的；傳的是摩門教，據說：這是一種教旨不大尋常的基督信仰，還有一個相當特出的全稱，叫「基督教末世（或晚期）聖徒會」。我在路上碰見過一次，他們用流利的國語向我問路。我依著模糊的街道印象提供了答案，接著他們又和善地問我：有沒有一點時間，聽他們為我說一說耶穌基督的消息。

當下我正趕著上補習班去學習三角函數，sin、cos、tan……實在沒工夫打聽耶穌的消息，只好一蹬踏板，逃離現場。我可決計想不到：多年以後，逃離傳教現場的竟會是白衫黑褲的天使們。

彼時，家裡的經濟狀況已經維持得不那麼勉強了。進入公職生涯的後期，父親的生活重心反而是每日午後騎自行車去打網球。由於身為國防部網球隊長的緣故，還率隊贏得全軍乙組硬式網賽冠軍、而獲得一張當時國防部長黃杰的楷書中堂，寫的是：「己所不欲，勿施於人；在邦無怨，在家無怨。」他時常站在這張中堂前端詳再端詳、點劃再點劃，只要見我打附近經過，就要說一遍這十六個字的義理。我不能說我聽過了，也不能說我在課堂上學習過了，那是他沉吟、回味儒家教訓的美好時光，不可輕易剝奪。

有一個夏天的黃昏，老人家球事已畢，站在大門外吹晚風，忽然來了一組兩位天使。他們沒有見識過儒教信徒的熱情與鬥志，也無從想像：耶穌之外，在東亞神州的土地上，也有推己及人、傳播福音的強大心靈。父親不只有空，他滿心歡喜地把兩位「年輕外國朋友」迎進家門，為他們倒了兩杯檸檬冰水（以及不知多少的續杯），彷彿連講義內容都準備好了一般，開始說：「出門如見大賓，使民如承大祭。」——這是「己所不欲」之前的兩句，語出《論語．顏淵第二》。

我不得不承認：儘管我曾經耐著性子聽父親說過不知多少回在這兒無怨、在那兒無怨，可是，亦多半是有耳無心，總覺得從孔老夫子到張老夫子，這個儒者的教，不過就是將散碎的倫理訓誨，附庸在典儀化的生活片段之中，以便令人透過敬意的積習各安其位、各守其分，且不受怨悔的傷害罷了。然而，父親向傳教的洋青年反傳其教的時候，我卻居然有抄筆記的衝動，甚至幾次想要打斷他、請他說慢一點。

那一天，家裡耽誤了吃晚飯，母親的臉色不很好看。送走了天使們之後，父親還說：「他們下星期四還要到這附近來，我還可以抵擋一陣兒。」

換一個角度理解：父親所謂的「抵擋」，焉知沒有挑戰的意味，不過，挑戰誠非易事。等到下一週的星期四，他把球衣換了下來，穿上西裝長褲、灰色薄料青年裝，趕早不到五點鐘就去大門外迎客；可不就是活脫脫的「出門如見大賓」嗎？然而，他所期待的年輕人這一回沒有出現，就連下一週和再下一週，他們也蹤跡杳然。

也許是調整服務路線，也許是更換了宣傳對象，也許是發現了儒教傳人之「我心匪石，不可轉也；我心匪席，不可卷也。」我甚至還有一個朦朧的印象：兩位身材高大的天使在村子口交頭接耳了一陣，決定繞過西藏路一一五巷四弄，逕往六弄風馳電掣而去。逃了！

四弄八號的四層老公寓房早在七〇年代初改建完成之際，就失去了原先古舊眷村的風貌，村裡的年輕人投入各自事業之後，似乎也脫離了「勉可維持」這四個字的生活境況。甚至（基於近一步利用土地資本的開發）四樓又一次改建成十五樓。也就在這一度拆除／重建的施工前夕，一批（據說是受僱的遊民）潛入了許多來不及處置家具、字畫、細軟什物的家戶，一掃而空。黃杰先生的那一張「己所不欲，勿施於人；

在邦無怨，在家無怨。」也從此消失。我懊惱嗎？也許不。因為小學時代「家庭狀況調查」上明明白白地寫了個「儒」字；就因為這個字聽起來不該在乎很多事。父親說過不必藏於己，不必為己，這都是孔老夫子教過的《禮記．禮運大同》有記載。

後記

教養的滋味

身為一個父親，那些曾經被孩子問起「這是什麼字？」或者「這個字怎麼寫？」的歲月，像青春小鳥一樣一去不回來。我滿心以為能夠提供給孩子的許多配備還來不及分發，就退藏而深鎖於庫房了。老實說，我懷念那轉瞬即逝的許多片刻，當孩子們基於對世界的好奇、基於對我的試探，或是基於對親子關係的倚賴和耽溺，而願意接受教養的時候，我還真是幸福得不知如何掌握。

那一段時間，我寫了「認得幾個字」的專欄，其中的五十個字及其演繹還結集成書，於二〇〇七年秋出版。美好的時日總特別顯得不肯暫留，張容小學畢業了，張宜也升上了五年級。有一次我問張宜：「你為什麼不再問我字怎麼寫了？」她說：「我有字典，字典知道的字比你多。」那一刻我明白了：作為一個父親，能夠將教養像禮物一樣送給孩子的機會的確非常珍貴而稀少。

孩子學習漢字就像交朋友，不會嫌多。但是大人不見得還能體會這個道理。所以一般的教學程式總是從簡單的字識起，有些字看起來構造複雜、意義豐富、解釋起來曲折繁複，師長們總把這樣的字留待孩子年事較長之後才編入教材，為的是怕孩子不能吸收、消化。

但是大人忘記了自己還是個孩子的時候，對於識字這件事，未必有那麼畏難。因為無論字的筆劃多少，都像一個個值得認識的朋友一樣，內在有著無窮無盡的生命質料，一旦求取，就會出現怎麼說也說不完的故事。

我還記得第一次教四個都在學習器樂的小朋友拿毛筆寫字的經驗。其中兩個剛進小學一年級，另外兩個還在幼稚園上中班，我們面前放置著五張「水寫紙」——就是那種蘸水塗寫之後，字跡會保留一小段時間，接著就消失了的紙張——這種紙上打好了紅線九宮格，一般用來幫助初學寫字的人多多練習，而不必糜費紙張。我們練寫的第一個字是「聲」。

拆開來看，這字有五個零件，大小不一，疏密有別，孩子並不是都能認得的。不認得沒關係，因為才寫上沒多久，有些零件就因為紙質的緣故而消失了，欒子來了。一個比較成熟的小朋友說：「這是蒸發！」

我還沒來得及告訴他們：「聲」字在甲骨文裡面是把一個「磬」字的初文（也就是「聲」字上半截的四個零件）加上一個耳朵組成；也沒來得及告訴他們：這個「磬」，就是絲、竹、金、石、匏、土、革、木「八音」裡面最清脆、最精緻、入耳最深沉的「石音」；更沒來得及告訴他們：這個字在石文時代寫成「左耳右言」，就是「聽到了話語」的意思。

這些都沒來得及說，他們紛紛興奮地大叫：「土消失了！」「都消失了！」「耳朵還在！」

既然耳朵還在，你總有機會送他們很多字！

附錄一

我為什麼寫古詩

我的朋友老錢和我閒聊，問我：「為什麼寫古詩？」語氣似乎隱含著一個意思：「好端端的，怎麼搞起這把戲來了？」聽他這麼問，不由得我的抗辯之情就冒上來，很想立刻就答覆他：「這樣就可以避免寫新詩了。」隨即我又覺得這麼說有點不著邊際的損意，好像有意無意地開罪了無辜的新詩作者。所以我沒這麼回答；我說的是：「因為古詩有一個唱酬的傳統——」

才說了這麼一句，同桌在座的某位客人大約是不覺得寫古詩這事值得細究，便隨口帶開，說起了更有趣味的一個什麼話題，我也就沉默下來，老錢也沒能解惑。不過，這種情形很常見，沒說完也沒聽完的都沒什麼遺憾。

倒是那半句：「因為古詩有一個唱酬的傳統」中途腰斬，飄盪且隨即消失在火鍋和高粱酒混合蒸騰的煙氣之中，簡直答非所問，縱使引不起座客的興味，我自己卻總覺著該說完、說透徹、起碼說明白一點。

「古詩（或稱古典詩、舊詩或文言詩……）有一個唱酬的傳統」這話之於我，是四十一、二歲之後開始致力改變寫作習慣的一個起點。新詩（語體詩、白話詩、現代詩）並非沒有酬答之作，可是，若從詩人寫作完成之後的那一刻說起，新詩絕大多數都還保有一個發表的歸宿；寄託在一個發表的傳統裡。總的說來，它是經由纂輯印刷，透過詩刊、報章乃至於書籍的形式，供較多的陌生讀者欣賞、感受的美學客體。

然而，對我來說，在一個極端受限於文言語感載體的閱讀門檻裡，古詩的發表並非日常，亦非慣例，若說大學詩選課堂上的習作獲得教授夫子青睞而榮獲了幾聲讚賞，我也相信：受賞識的青年才子也不會立刻產生強大的發表熱忱、甚至以為他的習作將有機會在更寬大的園地中引起一眾讀者之推崇或賞愛。

從我比較專心寫古詩的那一天（我相信是一九九八年冬日前後）開始，便再也不寄望於這世上「將會有一些懂得欣賞甚或喜愛我所寫的詩篇的人」。如此居心立意，就是要擺脫「發表」的動機，回到「古詩就是要寫給那個知道的人」——語氣有些兒像是蘇格拉底口中的政治；畢竟這是蘇格拉底流傳最為廣遠的銘言：「政治，就是要交給那個知道的人。」那個知道的人，也就是前文所說的「那個唱酬的對象」。

就在和老錢的一問半答之後，過了一夜，我在微博上讀到一位也寫古詩的網友——網名「老磚」——所寫的一首五言律詩。那是一系列題名為〈春興〉之作的第六首，通篇寫景質直，抒情閒淡，簡筆素淨，煉字活潑。難得的是不避俗言，呈現出直觀生活感受的意態。〈春興〉之六是這樣寫的：

未登高峻處，難見好精神。
暮色紅入海，春山青徹身。
峰頭佩斜日，樹影倚歸人。
料得嶺北驛，明朝楊柳新。

在這一首之前，老磚也曾經寫過五首〈春興〉，也都發到微博上來。相信除了我之外，大約還有成千上萬的人讀過。可對於我來說，另五首究竟如何扣題、如何遣意、如何修辭、如何表情，我的印象（不到半個春天的功夫）居然早就模糊了。但是，偏偏就是這一首「之六」，晾在螢幕上特別惹動我。很難說一個準確的究竟，只覺得這是一首專程到來、召喚我去應和它的作品。

事實上，我除了偶爾在微博上讀老磚的詩，可以說和老磚本人絕無交情、亦欠往來。相信老磚其人在寫這六首〈春興〉的時候，也決計不可能期待有我這麼一個多事之人竟然動了唱酬之念。當這個念頭冒出來的剎那，我正在為自己煮一小鍋稀飯；我瞥一眼螢幕上的詩句，唸一遍：「難見好精神」五個字。之後回頭進廚房洗洗米，又晃回螢幕前，再唸一遍「春山青徹身」五個字。接著，低頭把鐵鍋坐在爐口上，打著了瓦斯，這叫明火白粥，準備攪熟了之後再注些水——不行！不能就此放過這首詩；我再度踅回螢幕前張望一眼，又唸了一遍「明朝楊柳新」五個字。

是的，不能放過這首詩的呼喚。

就把老磚這首五律當作是為我寫的吧？有什麼不可以的呢？我在鍋邊上滾出第一圈白沫的時候點入了半碗生水，用大湯勺攪了攪，讓鍋底開始黏結的米粒鬆動鬆動，想著老磚原作的用意：〈春興〉之題應該和杜甫的〈秋興〉有關。季節一旦轉換，人的身體受到自然節候的撩撥、感召，展生了微妙、陌生或者熟悉的反應，不十分能道出所以然地從萎頓中接受了季節的啟迪——比方說向高處躋攀行走；一旦在某個春日偶然登高，才赫然發覺精神為之一振，有煥然如新的體會。以上就是我假想著老磚寫作此詩的心理背景（第一、二句）。此外，登高的時間應該是某日黃昏，地點應該是住家附近遍布常綠植物的山區（第三、四句）。更細膩的景致和情緒則來自兩個動詞：佩和倚（第五、六句）。這兩個字原應是描述人的動作，詩人卻用來表現落日之姿（把自己掛在山顛）以及樹木之態（將影子靠在即將回家的人身上）。最後，老磚還透露了一個「等待」的訊息：「料得」二字顯示：前一句裡的「歸人」並不是確切地走在回鄉路途之中的那個人，而可能只是一心盼望著山嶺北邊車站上的那個樹影倚靠之人——其實不過是嶺南這邊某人想像的產物。你說：這是多麼寂寞的一首詩呢？

所以我會這樣說：老磚之所以打動我回覆的情感，並不一定要是他針對我而發出的情感；可是我既然在煮稀飯的時候感受且會通了這一份情感，能不回覆嗎？能不酬答嗎？能不像林間枝頭嚶嚶其鳴的鳥兒一樣，給老磚一個簡陋的回音嗎？

〈春興之六〉自有其盼想所本，那不是我的事，我不在嶺北驛，也並非望中人，我這裡春寒料峭、晨興蕭索，更無登臨望歸的熱切，我去同老磚插嘴扯些什麼呢？對了，我何不照實說呢？索性就告訴他：我在煮白粥呢！一口氣鼓上來，我立刻打了前四句的腹稿——

縮手昏寒餓，強吟精氣神。
孤炊聽甑律，空腹覺煙身。

寫這頭四句的時候，我仍繼續煮著粥，又忽然發現：就連配粥吃的榨菜也沒有了。這是偶爾會發生的事——只要前一晚和老錢或者無論什麼人在外夜飲，除了將一身醉氣染回家來，是不會顧著帶什麼餚饌回家、以便次日供食的。酒後的那一天，無論煮麵煮粥，不過是將就一、兩頓狼吞虎嚥，縱使無滋無味，也算是略示薄懲罷了。這，就是後四句的背景——

箸畫參寥字，湯浮盪漾人。

吞聲下潘水，一滌酒腸新。

這四句用了兩個不常見的語詞，要補充說明一下。「參寥」是《莊子．大宗師》裡出現過一個虛構人物，根據文本排列可以得知：他是一個出身古代的哲人，「參」是參悟、「寥」是空虛，顧名而思義，這位思想家對於了悟和實踐「空無、存在」這一類命題有著極大的興趣。到了北宋蘇東坡那個時代，又出現了一位詩僧，也擁有「參寥子」的別號，正式的法號叫「道潛」，有詩集行於世。把這位詩僧搬進我的詩句裡，表面上說的是用長柄筷子攪拌稀飯、在空中有狀似寫字的筆劃（也就是以莊子書中、蘇軾身畔的人物自況一番）。另外一個不常見的詞則是「潘水」，意思即是洗米水，狼吞虎嚥喝稀飯，自然有一番不講究飲食如何精緻的、隨興為之的風度。

整體說來：拋開格律、聲調上的講究不論，對於我而言，詩的發生，首在觸動。老碑這六首詩的前五首，我過目無痕；但是第六首的每一句都像是在叩問一句與我固然無關、我卻必須答覆的話。詩就從此展開了——詩總是從相互的詢問、聆聽和應答展開的，即使寫詩之人彼此渾沌不相識（一如老碑與我，連點頭之交都算不上），事實與精神兜起來說，有以詩叩者，即以詩鳴之；有以詩問者，即以詩答之。自反面言：叩之以東，鳴之在西；問之以此，答之以彼，又何嘗不是詩？以唱詠相互酬對的人有時難免各說各話、答非所問，這也和人生實況相彷彿。所以，把老磚和我的兩首詩翻譯成簡要的白話文大意，大約也是很明白曉暢的——

老磚說：「春天來了，有遠客將回，人似乎已經到了嶺北車站。只不過他就算到了，明天恐怕又要離開呢。」我則如此答覆他：「我正煮粥解酒呢，也只夠我一個人喝的。」

我為什麼突然寫古詩呢？那必定是在一開始的時候，我就被一串美好的聲調打動了——即使那一串聲調與我無關。

附錄二

張容與張宜的話

我喜歡模型或樂高，我對沒有標準的不科學的東西實在沒興趣，所以我對作文沒興趣。很多老師都以為我應該國文很好、作文很好，不過他們教我一陣子，就會知道我很不會寫作文，總是連第一句要說甚麼都想不出來。我將來一定不會走我爸爸這一行，希望他不會在意。

我爸爸跟很多爸爸不一樣，他是活在現在的古代人，我覺得他如果生活在一百多年前，一定會很高興，至少他可以跟很多喜歡寫古詩跟毛筆的人在一起。不過有這樣的爸爸其實不錯，像我國文老師要我們背唐詩，我一開始背不起來，但他每一句說明，把故事講得很清楚（有時候實在太清楚），我到學校說給同學聽，大家都覺得很棒。有一次我看同學在讀他寫的《少年大頭春的生活週記》，還說好看，我就回家找來看，真的滿好笑的，另外我有鄰居小孩看他的《城邦暴力團》還抄下那首可以破案的古詩，我想他這個古代人應該真的很厲害。

——張容

我有在寫小說，我有很多本筆記本，每本都先寫小說。我會先訂人物的名字，有時候會畫一下主角要長什麼樣，不過我通常寫一半就寫不下去了，這種時候我就放棄或者去寫另一個故事。

我覺得我爸爸很厲害，他可以把故事寫完又寫很長。不過我不想寫他那種故事，我喜歡像《哈利波特》那種故事，所以我的故事人名都是外國人。我常在寫功課的時候問我爸爸字怎麼寫，他幾乎都會，不過我現在不太喜歡問他，因為他常常說太久，我已經聽懂了他還在說。

我沒看過我爸爸寫的小說，他的書名不是給我這種小孩看的，封面也不是。不過《送給孩子的字》和《認得幾個字》我有看，裡面有些地方很好笑。

——張宜

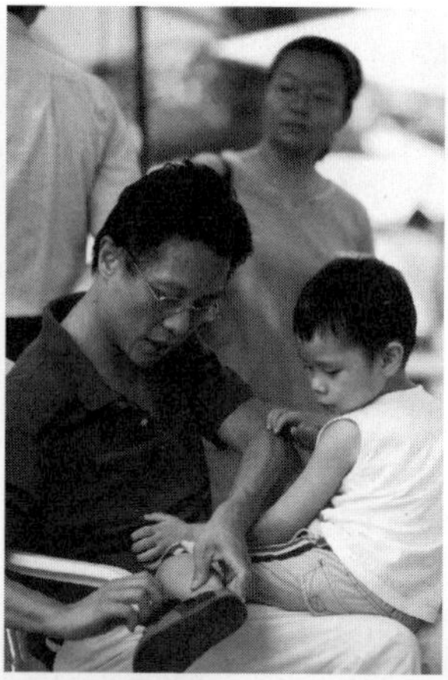

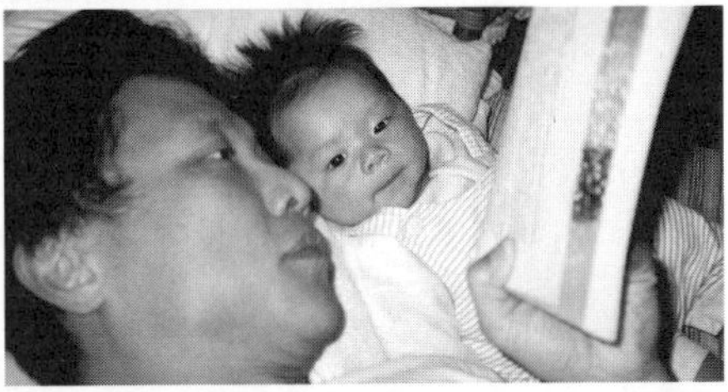

文學森林 LF0203

認得幾個字 完整新版

作者
張大春

一九五七年台北出生。台灣輔仁大學中文碩士。早期作品著力跳脫日常語言慣性，捕捉八〇年代台灣社會的動態。張大春的小說充斥著現實的謊言與虛構的魅力，除了時事與魔幻寫實、更以文字顛覆政治，九〇年代以《少年大頭春的生活週記》、《我妹妹》等寫下暢銷紀錄，千禧年後重返華語敘事傳統，先推出武俠小說《城邦暴力團》，繼之又出版《聆聽父親》、《認得幾個字》，將其敘事風格結合文化傳承，走上自我追索傳統的道路；並以「大唐李白」系列向書場敘事及中國詩歌致意。近年出版《文章自在》、《見字如來》，展現其對語文教養的另一種關懷與看法。

小說作品有：《雞翎圖》、《病變》、《公寓導遊》、《四喜憂國》、《歡喜賊》、《富貴窯》、《沒人寫信給上校》、《撒謊的信徒》、《城邦暴力團》；大唐李白系列：《少年遊》、《鳳凰臺》、《將進酒》；春夏秋冬系列：《春燈公子》、《戰夏陽》、《一葉秋》、《南國之冬》等。

另有大頭春系列：《少年大頭春的生活週記》、《我妹妹》、《野孩子》。

散文作品有：《文學不安》、《小說稗類》、《聆聽父親》、《文章自在》、《見字如來》、《我的老台北》、《認得幾個字 完整新版》等。

書法題字 張大春
照片提供 張大春
封面設計 楊啟巽
版面構成 楊玉瑩
版權負責 李家騏
行銷企劃 黃蕾玲、陳彥廷
副總編輯 梁心愉
初版一刷 二〇二五年九月八日
定價 四六〇元

ThinKingDom 新経典文化

發行人 葉美瑤
出版 新經典圖文傳播有限公司
地址 臺北市中正區重慶南路一段五七號十一樓之四
電話 02-2331-1830 傳真 02-2331-1831
讀者服務信箱 thinkingdomtw@gmail.com
FB粉絲專頁 https://www.facebook.com/thinkingdom/

總經銷 高寶書版集團
地址 臺北市內湖區洲子街八八號三樓
電話 02-2799-2788 傳真 02-2799-0909
海外總經銷 時報文化出版企業股份有限公司
地址 桃園市龜山區萬壽路二段三五一號
電話 02-2306-6842 傳真 02-2304-9301

國家圖書館出版品預行編目(CIP)資料

認得幾個字（完整新版）/張大春著. -- 初版. --
臺北市：新經典圖文傳播有限公司, 2025.09
368面；14.8×21公分. --（文學森林；LF0203）

ISBN 978-626-7748-10-7（平裝）
EISBN 9786267748114（EPUB）

863.55　　114012074

認得
幾個字

認得幾個字